赢在自我修炼

[美] 亚当·克雷格（Adam Craig） 著

丁 宁 译

中国出版集团
研究出版社

图书在版编目(CIP)数据

赢在自我修炼／（美）克雷格著；丁宁译. —北京：
研究出版社，2015.8（2020.7重印）
ISBN 978-7-80168-927-6

Ⅰ．①赢…
Ⅱ．①克…　②丁…
Ⅲ．①成功心理－青年读物
Ⅳ．①B848.4-49

中国版本图书馆 CIP 数据核字（2015）第 201471 号

责任编辑: 陈侠仁　**责任校对:** 张　璐　王宏鑫

作　　者：（美）亚当·克雷格　著
译　　者：丁　宁
出版发行：研究出版社
　　　　　地址：北京市朝阳区安华里504号A座
　　　　　电话：010-64217619　010-64217612（发行中心）
经　　销：新华书店
印　　刷：保定市铭泰达印刷有限公司
版　　次：2015年9月第1版　　2020年7月第2次印刷
规　　格：710毫米×1000毫米　　1/16
印　　张：17.25印张
字　　数：140千字
书　　号：ISBN 978-7-80168-927-6
定　　价：37.00元

成功，快乐
名与利

　　本书记载的是那些靠努力奋斗而获得成功的人士的启示，他们从默默无闻到一举成名，其中包括詹姆斯·艾布拉姆·加菲尔德将军、伊莱休·本杰明·沃什伯恩、德怀特·莱曼·穆迪、科尼利厄斯·范德比尔特、乔治·皮博迪、罗伯特·富尔顿、小伊莱亚斯·豪、海勒姆·鲍尔斯、杰伊·古尔德、瑟洛·威德。

　　有十个人物肖像，以及他们在社会中的行为。

前　言

生活的殿堂，一向是人们心驰神往的地方。

生活像阶梯，许多人发现其顶部很难到达。有的人只向上攀登了几步，而其他人就要到达顶部时，却丧失了勇气，变得灰心丧气。

本书旨在以朴素、实用的语言，对诸如成功、快乐、名利等人生最高和终极目标进行了最真实的描述。

对于那些刚刚踏入人生旅程的年轻人来说，他们忠实地遵守着教义，视其为顾问、指南和良师益友。

传记向年轻人展示了自学、勤奋、诚实认真的人，干出来的一番轰轰烈烈的事业，并以此激励年轻人持之以恒，从而克服种种困难。

行为准则有助于年轻人习得绅士风度和礼仪。在与他人的交往中，使年轻人能够做到举止文雅。

本书的很多论述均选自名家著作，这些名家对成功和名利的观点具有深远的价值，而且包含风趣。

许多年轻人可能会发现，本书致力于为年青一代追求成功生活的目标服务着，而这恰恰正是作者最诚挚的心愿。

1882年于芝加哥

CONTENTS · 目录

1 成功与快乐

那种最快乐、最富有、权利最大或地位最高、荣誉最多或名气最大的生活不是最成功的生活，而那种最富于男子汉气概、完成有益工作最多和具有人类责任最大的生活才是最成功的生活。在某种程度上说，金钱就是力量，这是事实。但是，智慧、公益心、道德品质也是力量，而且是更高尚可贵的力量。

2 节 约

节约不仅为今天服务，也为明天服务。节约也是为了将来获得收益的一种投资，每一个懂得节约的人，都应收起部分收入以备将来使用。当人们越实行节俭的习惯，节俭就会变得越容易，也就会越早地补偿自我约束者为此而做出的牺牲。节约的方法很简单，不要入不敷出，此乃首要规则。

3 自力更生的人

一个人的成功绝不取决于出身、财富、地位等所谓"与生俱来"的优势。成大事的人并非出身最好的人，除非"好"在心灵高尚、志向高远。而那些普普通通、平平凡凡的人，却如骏马一样勇往直前，他们从无名小卒，甚至贫困潦倒，到名利双收的成功者，在这条长路漫漫的征程里，不管曲折也好、灿烂也罢，他们总在拼搏进取。

4 行为准则

礼节是人们在社会交往中需要遵循的基本准则，不论是简单的还是繁缛的礼节，人们都乐于去维护它的完整，将其代代相传、忠诚遵守。真正的礼貌发自内心，发自为他人着想的无私和使他人能够获得快乐的奉献。如果这种自然的冲动，按照礼节规则被优雅地表现出来，那么礼节将注定变得优雅、完美。

不停地工作!

不停地工作!

因为主人的目光在我们身上落下,

自始至终从未离开过。

日夜没停过!

不停地工作!

手指不停地往来穿过,

梭子不断地转动穿梭;

目光专注不出错;

防破损,止说笑,我们专心工作,

轮子呼啸飞转,令人心烦焦灼;

手稳不抖,织物经久才耐磨!

结实耐用,永长久!

不停地工作！

提斧，真把伐木者来做，

伐林，直到一片蓝天透过，

目光透过天空，将明媚的阳光扫过，

每块林间空地复杂又开阔；

丛林、沼泽、灌木和树荫交错

今天见过！

开拓者在急流汹涌的桥上过！

脚踏山脊一座座，

拓宽台阶、铺平石梯，

同行者却远远在后面落。

成功与幸福

随我们而来，你将发现，
步行至此，确信惬意更可现；
心相通，手相连，
日出星现，
工作不间断地干！

奋斗者们在峰顶出现，
为求乐土之见，
我们振奋！因为我们敢言。
这个国家可以被预见，
更加深远！

工作不间断地干！

因为上帝的目光始终在我们身上出现,

从未间断, 仍然在我们身上可见,

日出星现!

工作并祈愿!

祈祷! 工作更完善,

工作! 祈祷更圆满,

爱! 祈祷与工作更迅速完满

扬帆启程, 早日如愿!

未来的生活如现在一般;

我们生活和工作就在今天!

君主和农民如夏日般长久快乐的生活终将到来,

我们信心更强, 更加欢乐开怀,

我们的假日就要到来;

工作不间断地干!

——《耐心的希望》的作者

1 | 成功与快乐

那种最快乐、最富有、权利最大或地位最高、荣誉最多或名气最大的生活不是最成功的生活，而那种最富于男子汉气概、完成有益工作最多和具有人类责任最大的生活才是最成功的生活。在某种程度上说，金钱就是力量，这是事实。但是，智慧、公益心、道德品质也是力量，而且是更高尚可贵的力量。

生活初期

成年伊始，生活便充满了魅力。魅力插上想象的翅膀，在人生的不同阶段，都会得到人们啧啧的称赞。未来无限的希望和前程、刚刚萌发的智慧、热情洋溢的激情、家庭成员之间的交流，以及无拘无束的快乐，所有这一切都让人对人生这个时期抱有极大兴趣，且兴奋不已。也许，在人生其他任何阶段，都难觅到这样的感受。之所以称之为"人生初期"，是因为它意味着在行动上要独立自主。

迄今为止，无论男孩儿还是女孩儿都过着依赖性的生活，依靠父母、遵从家规、听从家教。但是，从今以后，他们要独自成长，拥有一种崭新而自由的生活能力，一种不再依靠父母或家庭而完全依靠自己的生活准则或见解的能力。在父母的关爱下，茁壮成长的年轻生命，到了外面开放的世界后，只能依靠自己的性格和激情，或培养优点，或形成弱点，或养成恶习。

每个年轻人都畅想摆脱父母和家庭的约束，这种变化自然令人十分欣喜。自由的感觉总是令人愉悦快乐，至少起初是这样。自我意识的懵懂，以及对未来工作的憧憬，激荡着年轻人的胸怀。但是，对每一个正直的青年人来说，这也是一次严峻的考验。然而，随之而来的忧虑，将会大大地冲击这份快乐，一定会有对过去的悔恨和对未来的迷茫。

即便是在获得自由的初期，也会感受到想家的痛楚。在离别的瞬间，那种令人欣喜的家庭庇护、亲切的教导、严格的约束，都显得那么的宝贵和温馨！当年轻人远离家庭庇护，转而面对冷酷和陌生世界时，每每回顾这一切，他们都会感到无限的幸福和快乐！那种甜蜜而忧伤的惆怅，一定会充满自己的记忆深处！然而，随之而来的将是怎样的境遇呢？这种刚刚获得的自由，到底孕育着怎样的机遇和风险呢？在遇到新奇事物和缺乏经验时，自由又具有怎样的预警能力呢？当神秘莫测的未来展现在自己面前时，成功和失败的概率又有多大呢？

这些严肃的想法，经常使人忽视了青年人。他们从不或很少炫耀自己，只是默默地工作。即使在那些貌似全神贯注的或娱乐或工作的年轻人，在他们的内心深处，常常会认真思考并满怀希望地私下计划自己的生活，不停地就一些问题扪心自问，比如发生在自己身边的事情的意义、可能要面对的情况、未来可行的计划，以及铭记自己职业生涯的责任和志向。

当然，在生活初期，既有宜人的魅力，又有重大的意义。如果能正确审视的话，生活初期既令人兴奋，又令人敬畏。其中的工作可能是高尚的，也可能是卑微的；可能是开心专注，也可能是招致毁灭性的放任自流。有效地使用能力，可能会使你到达美德的崇高境界；滥用能力，可能会使你跌入罪恶的深渊。其中既有希望，又有恐惧；既令人愉快，又令人悲伤。想到年轻人逐年踏入社会，履行职责、维护利益、抵制各种诱惑，这既令人心情愉快，又令人心中充满渴望。在奋斗的人群中，有多少人达到了预期目标？胸怀大志奋斗几年后，一些人跨越重重困难，获得了梦寐以求的卓越；但是还有一些人，并非如此，然而，他们能坚持真理，保持正直。但是，还有很多人倒退了，或自我毁灭，或意志薄弱，没有再站起来。

当我们设身处地和年轻人一起置身于生活的初期时，并从一开始就设想到结局，这将成为我们十分关注的问题，远远胜过其他任何事情。唇齿间更多的将是诚挚的争论和忠告，而不是祝福。对前途态度严肃认真，超越舒适乐观。

良好的开端

对年轻人来说，良好的开端十分关键。因为它处于人生初期，此乃人生品性习惯形成时期。与养成良好的习惯和形成不良的习性相比，良好的开端也跟它们一样容易做到。俗话说"良好的开端是成功的一半"，"首战告捷等于一半胜利"。在人生初期，许多有为青年，由于初次失足而受到无法挽回的伤害。然而，那些普通的青年，却因为有了良好的开端，而不断地发展，最终功成名就。在某种程度上，切合实际的良好开端是一种誓言、一种承诺和取得最终成功的保证。现在，有许多可怜之人，他们卑躬屈膝，痛苦地生活着。他们不但自己苦不堪言，而且还令别人痛苦万分。如果他不仅仅是决心要做好工作就心满意足的话，他实际已经着手工作，并取得了良好的开端，那么他可能已经昂首挺胸并获得了成功。

然而，太多青年却过于急功近利。他们不愿意像长辈那样脚踏实地地从头做起，而是选择了退缩。他们喜欢不劳而获，对辛勤劳作和勤奋努力的结果急不可待，从而过早地放任自流，使自己停滞不前。

做什么

有许多年轻人就站在社会救助所门口，对这些等待着参与救助的年轻人来说，需要他们认真而迫切地思考要做什么。基督教教义产生之后，择业成为人们最认真思考和关注的问题。

或许，人们首先要思考的问题，是意识到工作的必要性和真正的价值，以及如何诚实工作的神圣性。很少有人会逃避择业，如果他们能正确地理解自己的利益和幸福，那么会有更少的人想到不择业。根据我们提到的劳动法，只有在工作和休闲有规律的交替变化中生活，才是最令人愉快的。不工作，生活会变得单调乏味，所以，人们常常强迫自己为自己而工作。他们把快乐融入到了工作中，而且在他们从事最艰苦和最令人疲惫不堪的工作时，也体验到了它的快乐。对任何健康的人来说，懒惰是一种令人无法忍受的负担，而与最艰苦的工作相比，强行忍受是一种令人更加痛苦的忏悔。

然而，年轻人认识到这一点并不容易。男学生是如此喜欢和迷恋玩，有时，他们所梦想的生活全部是游戏。至少，他们常常带着抵触情绪工作。对于工作，他们总是一再拖延，困难重重。结果时光飞逝，他们错过了机会。对年轻人来说，没有比这更严重的不幸了。许多人因为茫然不知所措而浪费了生命，他们薄弱的意志力，就表现在自我约束力的下降上。一些有能力的人本该将能力运用到解决社会问题上，成为对社会有用的人，但是，事实上，他们过着既漫无目的又可怜兮兮的生活。

这么说吧，生来要工作的年轻人，在他们的生活中，没有机会闲逛，或许这能体现出他们是最幸运的人。年轻时，他们接受束缚，迎接挑战。从一开始，他们就勇于承担责任，如果生活是一种负担的话，他们的脊背早已习惯了这种负担，他们比那些只知道寻欢作乐和虚荣空虚的人更容易承担重担。在现代生活中，年轻人的数量在剧增。随着社会关系越来越复杂，他们的需求量也日益增多，社会对他们的要求也更高，他们得到的薪酬回报也更丰厚，这让每个人的工作责任越发迫切和普遍。因此，游手好闲之人便没有了生存的空间，也不会得到报酬。社会期望每个人都尽职尽责，一旦社会的要求被忽视或没达到，其报复将会更加迅速。

但是，从整体上讲，年轻人能够以欣赏工作的明智态度，并在此问题上解放思想，摆脱长期盛行的偏见，便显得难能可贵。当然，那些偏见流行的时间和范围是显而易见的。传统观点认为：有些工作是可敬的，像适合绅士从事的工作；有些工作是不可敬的，被认为是低劣的，且不适合绅士。为什么会这样呢？这个问题令道德家百思不得其解。士兵这个职业，被认为是绅士特有的职业；相反，男孩儿选择裁缝这个职业，就被认为是耻辱，会遭人耻笑。但是，这种暗中的比较真的有价值吗？真实吗？

通常情况下，那些品位各异的年轻人，似乎很难获得一些有助于职业发展的机会，无法参加现在人们所公认的职业渠道或国内经济活动。在商业和机械行业中，当他们竭尽所能给自己开辟一条道路的时候，就让他们经商或从事机械行业工作吧！增长社会财富、提升社会文明和养成良好的社会习惯都需要高昂的费用，从这个角度上来说，如果社会以其简单古老的方式阻碍了年轻人解决生活问题，那么，社会就不应该仅凭偏见来妨碍年轻人的追求，让他们尽情地追逐代表他们利益的上流社会的生活，尽情地享受从事行业的独立与繁荣。

至少，这应该是年轻人需要培养的一种正确和明智的感情，事实上，在这两者之外，没有任何形式的诚实工作存在。也许，这适合年轻人，也可能不适合；这或许是他所需要的工作，也可能不是。但是，不管怎样，他们都不能掉以轻心。正像我们所说的那样，食品商和律师同样可敬，裁缝和军人也一样受人尊敬。如果我们能清楚头脑中难以立足的片刻错觉，认识到站柜台就如同坐办公室，从事手工艺劳动就如同撰写法律文件或文章，那么，我们就渐渐成为了真正的绅士。只要具有较高技能和功勋更加卓著的工作，才是唯一备受尊敬的工作。当然，工人的素质才是一切真正荣誉和尊敬的源泉，而不是一般人所认为的工作的名称和性质。

我适合什么职业

生活中，可供年轻人选择的职业很多。因为择业很重要，所以在众多行业中选择心仪的职业更为困难和费时。如果能正确对待此问题，择业应该就是能力问题。大家应该常问问自己：我适合什么职业？但是，在许多情况下，提出问题似乎比解答问题更容易。然而，如果能摆脱我们提到的思想偏见问题，肯定能将所有问题化繁为简。这样一来，择业的范围就相对宽泛了。如果是一份诚实的工作，那么这种工作就应该受到尊敬，不是因为与之相关的偶然联系，而是因为它为我们提供了适当运用能力的机会，以及自给自足和自立的手段。

有一些人，在选择职业时没什么困难。他们被赋予在某一行业特殊的天赋，以至于他们本人和他们的朋友，在很小的时候就意识到了他们的爱好。长大后，他们别无他愿，只想从事命中注定的职业。这种情况也许是最乐观的，却为数不多。在青年时期，独特的天赋是很少见的。即使有，也常常会隐藏起来，甚至连他本人也身处迷雾，无从知晓。只有机会到来之际，才能得以展示。

此外，还存在另外一些情况，有些年轻人不用煞费苦心地思考和计划他们将来会从事的职业。家庭传统和社会有利因素会明确地指出他们未来的人生道路，于是，他们会毫不犹豫地走下去。他们从不东张西望，静静地沉浸在幸福中，自豪而愉快地生活。

但是，大多数年轻人不属于上述两种人们羡慕的任何一种职业，有属于他们自己的方式。一方面，他们没有特别的天赋；另一方面，也没有那么幸运的环境，足以清楚地看出以后自己的发展方向，可以不经过深思熟虑就找到属于自己的合适工作。

他们必须考虑许多事情，而且在这种情况下，也不需要我们在这儿讨论，事实上，我们也不能在这里讨论。毕竟，就业机遇有赖于命运，变幻莫测，不能为他们指明任何方向。但是，我们应该尽力让青年人不冒险这么做，关注摆在他们面前的各种职业的一些特征，让他们从事这些职业，并实现自己的雄心，取得成就，这样做是大有裨益的。

除了像海军、陆军和政府领导下的民间机构等公共服务业外，职业大致可分为智力型、商业型和机械型，这几种类型自身也形成了非常重要的专业种类。但是，总的来说，要求他们所具有的职业能力也不那么确定。因此，和普通专业要求的职业能力相比，他们的特征不容易识别。如果环境需要的话，商人、鞋匠，甚至是牧师，都可以成为士兵或外交家。但是，士兵或外交家或许不容易承担商人、鞋匠或牧师的职能。

在进行这种职业分类时，我们所使用的名字，也不一定要得到社会的普遍应用和充分的认可。社会认为有些职业更具有智力性和职业特征，其他职业更具有企业或商业性特征，还有一些职业更具有工艺或手工艺特征。实际上，从职业实践需要智力的角度来说，所有职业都是智力型的。与履行所谓的智能型职业相比，在处理商业事务、尝试创新或申请某一新机械机构时，可能更需要智力。不过，这并不影响行业划分的性质，因为行业内容是截然不同的。一流职业更直接侧重人的智力，这类职业隐含了更特殊的心智训练，而其他两类职业更多偏重于外在的实用性，可能也不要求那么长时间或详细的智育教育。

这种明显的区别，通常体现在这三种行业各自所需要的综合素质。无论是牧师、律师（广义上的专业律师）、医生、商人、工程师，还是普通商人，一般来说，至少应该是精力充沛和充满智慧的。对知识不太感兴趣的年轻人，不愿意从事文学研究和学术追求的年轻人，很自然地就把他们排除在上述职业之外了。从任何高度或有用的意义上来说，上述职业不适合这些年轻人。或许，他们正准备从事这些行业，如果一切顺利的话，他们甚至会获得一定的成功。但是，依据真正优秀或实用的标准，他已经偏离了人生正确的航线。他可能已经得到需要的东西，但是，别人不会在他身上找到期望得到的东西。

律师、法律专业和医学专业也是如此，这些专业都要求人们具备活跃的求知欲和独立思考的能力。否则，他们不仅无法把握从业规则，还不能最大限度地领会社会的好处。可以说，一切都不需要上升到如此的高度。各行各业既需要有从事普通工作的人，也需要有从事较高等工作的人，"不但要有显著威望的人，而且要有砍柴挑水的人（典出基督教《圣经·约书亚记》）"，这是既定的事实。但是，问题的关键是，那些具有从事较高机械资质的人，从来没有晋升的机会。在较低下的部门工作时，他们不会感到真正的快乐，也得不到帮助。在选择职业时，没有人愿意摆在他们面前的职业前景中只有奋斗。然而，这一定是命中注定的，而且是那些终日忙忙碌碌工作的人应有的命运，因为上苍未授予他们从业的特殊能力。当目标超越他们能力极限时，他们可能会因为力不能及而无法成功。也许，有更合适的工作在等待他们。

因此，到目前为止，关于择业似乎有了非常清楚的指导。如果你对学习不感兴趣，如果你不热爱知识，那么你注定不能从事一个很大的行业类别。或许，你属于智力型，水平也很高，但你没选择这类行业，情况也可能会更糟糕。或许，你天性好奇，智力强大，有同样远大的志向，这样你可能顺其而为。但是，无论如何，如果你没有追求知识的浓厚兴趣，教会、律师和医学都不是适合你选择的专业领域。但是，你不是其中的员工，不需要为此感到难为情。

不要认为缺乏智力兴趣的人，就会因此而遭到任何敌意，这绝对不是忽视或厌恶知识的意思，只是说学习作为一种习惯和生活方式将不占优势。在一个安静的房间里，你可以阅读自己感兴趣的那本书，但学习与这本书不一样，它就像你对世上繁忙的生活和人们的商务往来那样感兴趣一样，有可能是你一直想从事的机械工艺和手工爱好。这些差别在男孩子中表现得多么明显哪！一旦令人讨厌的压力从思想中解放出来，活力得到自然流露，学究风气就会令人疲倦，并使一些有警觉的人麻木不仁。他们的天资不是为了研究学问，乐趣也不在学问上，而是在某种活跃的工作和日常实用的兴趣上。

在这种情形下，最简单的做法就是随心所愿。在我们假设的情况下，它不会特别显现出来，但是，至少到目前为止它已经显现了。因为不清楚爱好究竟在哪些方面，所以你能选择的领域是有限的。如果调查得更深入和仔细点，可能会更加显而易见。而且，需要记住一点，虽然目标不同，但此爱好与彼爱好一样令人起敬。如果年轻牧师的经商潜质得到了激发，他也同样可以成为商人。因为缺少常识、智趣和认同，人们似乎更经常称呼机械工作者为技工，而不是大机械师。但是，富有设计创造力，难道不可以同样认定为画家或诗人的艺术吗？

也许，这些都是特例。但是，在普通年轻人身上，可以看到类似的情况。有些年轻人生来就具有经商的资质，有些人很明显拥有从事机械工作的能力。如果我们寻找的话，可以看到天性已经在他们身上留下了明显的命运痕迹，他们自己及身边的朋友就不要在那些印记上给他们施加影响了。不管怎样，这都是一种痛苦的伤害，一种对个体的伤害，以及一种可能对世界造成的伤害。

命运迹象模糊时，只好顺其自然。当今世界，有些年轻人身体健康、能力强大，或者身体虚弱、素质平平，似乎没有什么特殊的命运。然而，他们的运气很好。如果他们定位正确的话，职业唾手可得。然而，他们这样做的唯一目的，就是观察自己的天性，然后，一切顺其自然。也许，天性并没有将自己铭刻在他们的心灵之上，却在那里留下了可以找到和追随的明显痕迹。人世间，一些人找到属于自己的职业似乎出于偶然。或许，这是环境决定命运的结果，他们似乎无须思考就得到了最适合自己的职位。然而，在现实生活中，环境的影响似乎没有想象的那么强大，至少是他们顺其自然的结果，但是，这种无意识的巧合，给生活的繁荣和成功起到了最大的影响作用。

性情坚强，工作就牢固；性情软弱、摇摆不定，也会有工作，但与前者绝不属同一类。如果人的工作任务没有超出他的能力，他就适合在更高的意义上承担负担，还可以尝试承担他从未担当过的重任。

抗拒诱惑

在生活过程中，年轻人的发展会伴随着一系列的诱惑，对诱惑的屈服或多或少是一种堕落的表现。诱惑会不知不觉地从年轻人身上带走天性所赋予的一些高尚的成分。因此，抵制诱惑的唯一方法就是坚定而勇敢地说"不"，并辅之以行动。年轻人必须当机立断，而不应该等待深思熟虑和权衡利弊。如果年轻人总游移不定，会失去很多机遇。许多人谨慎地考虑，却迟迟不做决定，但"没有决定也是决定"。

一个学识渊博的人曾在祈祷中说过："不要让我们陷入诱惑中。"然而诱惑总会光顾年轻人，借以考验他们抵制诱惑的实力，一旦屈服，他们的意志力便会变得越来越弱。屈服一次，就会失去一部分美德，那就勇敢地抵制诱惑，当机立断会赋予生命以力量，如此反复，便会习以为常。正是这些早期生活所形成的习惯，才形成了能真正抵制诱惑的防御力量，因为聪明的人们已经认识到精神生活是以习惯为媒介的，以坚持为主要准则，绝不能动摇。正是那些生活琐事，才促使人们潜移默化地形成好习惯，形成目前为止的道德行为的主体。

休·米勒讲述了他年轻时是如何抵制奇特而强烈的诱惑的，那是一段艰辛的生活。在泥瓦匠工人中，工友之间偶尔请客喝酒是常有的事。有一天，他喝了两杯威士忌酒。回到家时，他发现自己喜欢看的那本《培根随笔》里的信在他眼前舞动，于是他再也控制不住自己的理智了，说道："我觉得我目前的处境正趋于一种退化的状态，我现在的所作所为与过去相比，已落入了更低的智力水平。目前，虽然还没有做出一个改变命运的有力决定，但是从那一刻起，我已经决定再也不为了酗酒牺牲自己的智力。在上帝的帮助下，我才下定了决心！"就是这样的决定，往往会成为一个人生命的转折点，并为其未来的性格奠定基础。如果休·米勒没有及时理智地避开海底暗礁，他生命的航船有可能已经触礁沉没了。成年人与年轻人一样，也需要不断地加以防范。酗酒阻碍年轻人的发展，既是一种奢侈的行为，又是一种最严重和最致命的诱惑。

沃尔特·斯科特先生曾说过："综观所有恶习，酗酒与成功最格格不入。"不仅如此，与经济、礼仪、健康和诚实的生活也不相容。当一个年轻人无法抵制诱惑时，必须学会戒酒。约翰逊博士的经历是许多同类情况中最具代表性的，在谈到自己的习惯时，他说："各位，我能做到戒除，但我做不到节制。"

以下是托马斯·格斯里彻底戒酒的充分理由："根据以往的经验，我尝试过两种戒酒方法。戒酒使我精神倍至，使我身体健康，使我远离毒药。因此，虽然起初我寻求的只是公益，但是自从我彻底戒酒以来，我找到了自我。我继续戒酒有四个原因：第一，身体更健康；第二，头脑更清晰；第三，心情更愉快；第四，更富有。"

最近，约翰·B.高夫先生在伦敦埃克塞特礼堂的一次演讲中说："我认识的一名美国男子，他承诺戒烟时，将手伸进口袋，然后把烟拿出来扔掉，他一边这样做一边说：'这是最后一次！'但这只是开始，哎，他是多么的需要它呀！他会舔舔嘴、嚼嚼甘菊、咬咬牙签或羽茎等能使颌骨不停运动的东西。但是，这一切都没有用，他忍受了强烈的痛苦，极力克制了36个小时。之后，大概到了48个小时后，他下定了决心：'为了一点点烟草而受尽煎熬是毫无意义的，我要去买一些。'于是他又买了一些烟草装入口袋，他说：'如果我特别想要的话，就用一些呗。'其实，他想得要命。然而，当他手拿烟草时，他认为这是上帝在与他作对。

这位"戒烟人士"看着它说："我爱你，你是我的主人，还是我是你的主人？你是杂草，而我是人；你是物，而我是人。我不能为你而死，所以我要征服你！"每次需要的时候，他都会把烟草拿出来，并和它交谈，大概6到8周后，他才把它扔掉并感到轻松，并说这一切荣耀归功于自己的斗争。

高标准的必要性

但是，为了大力而成功地与恶习做斗争，我们不能仅仅满足于世俗谨慎的低标准。虽然这有用，但还应该把标准提高到较高的道德层面。像"承诺"这样的机械的帮助，可能会对一些人有用，但是，重要的是要在思想和行动上建立一个高标准，并且努力改善习惯，尽力强化并净化信念。为此，青年人必须学习，小心谨慎地用规则来规范自己的思想和行为。青年人掌握的知识越多，就越谦虚，对自己的实力也就越没有信心。但为了将来获得更大和更高的满足，现在就要克制小小的沾沾自喜，发现这一规则是非常有价值的。这在自我教育中，是最崇高的工作。"真正的荣誉，源于无声的自我征服。如果没有荣誉，征服者不会得到任何利益，只是最初的奴隶。"

可敬的正直行业

无论耕地、制造工具、纺织衣物，还是站柜台卖产品，每个行业本身没有贵贱，只有荣誉。年轻人可以量码尺或缎带，这样做没什么不光彩的，除非他的心胸不如量尺和缎带宽，和量尺一样短，与缎带一样窄。富勒说："不要让那些有合法职业的人感到羞愧，而要让那些有不合法职业的人感到脸红。"霍尔主教说："无论从表情还是内心，说话风趣悦耳决定着一切交易的命运。"从卑微的职业发迹的人，没有必要感到羞愧，而应该为自己能克服重重困难而感到无比自豪。站立着的劳动者，比跪着的贵族更高尚。我们的一个总统年轻时曾是一位伐木工，当被问到盾徽是什么时，记得他回答说："两个衬衫袖子。"坦特登勋爵自豪地向儿子展示那家他父亲为了维持生计，做只挣1便士的刮脸工作的理发店。一次，一位法国医生奚落比利时主教弗莱希耶，取笑他年轻时是一位出身卑微的蜡烛经销商。弗莱希耶反击说："如果你和我出身相同，你到现在肯定还是蜡烛制造商。"一些小人物耻于自己的身世，总是极力掩饰，结果却原形毕露。像那个可敬而又愚蠢的约克郡染工一样，虽然通过朴实的扫烟囱的工作发了财，却为此感到羞愧，他造了一个没有烟囱的房子，结果所有的烟都排进了他的染坊里的烟囱中。

赚钱

市面上很多畅销书，都是为了向公众传达赚钱的主要秘诀。但是，赚钱是没有任何秘诀可言的。因为每个国家的谚语都已经充分证明了这个观点。

"积少成多，聚沙成塔。"

"管好便士不乱花，英镑自会守在家。"

"省一分等于挣一分。"

"勤为佳运之母。"

"不劳则无获。"

"懒惰导致贫穷。"

"劳动，你会有所得。"

"不劳动者不得食。"

"世界属于有耐心和勤奋的人。"

"花光了再讲节约，为时已晚。"

"宁可饿肚子,切莫去借债。"

"晨光一刻值千金。"

"讲信用的人走遍天下。"

　　这些是公认的有哲理的谚语，是许多代人的经验积累，是世界繁荣兴旺的最好的手段。在图书发明之前，这些谚语就广为传诵，像其他流行的谚语那样，它们是最早流行的道德规范。此外，它们经受住了时间的考验，并证明了它们的准确性、实用性以及合理性。

　　所罗门对勤劳的力量、金钱的使用和滥用的谚语的理解，充满了智慧："工作懒散者是肆意挥霍者的同胞兄弟"，"看看蚂蚁，你个懒汉。想想它做事情的方式，变聪明起来吧。"他说贫穷只会光顾懒惰者，就像全副武装的游客，只需要勤劳和正直，财富就会来敲门。"殷勤人的手使人富足"，"因天寒而不耕作的人，会一无所获，只能乞讨。""酒鬼和好食者会导致贫穷"，"嗜睡会使人衣衫褴褛"，"只有懒汉会说街上有拦路虎"，"你看见办事殷勤的人吗，他必站在君王面前"。但是，首先要拥有智慧，"拥有智慧胜于拥有黄金。智慧优于红宝石，所有想得到的东西都无法与之比拟"。

　　简单的勤俭会大大有助于一个具有一般工作能力的人，能让他以自己的方式保持相对的独立。即使是一名普通的工人，只要他能节约，并管理好他的财力，规避无用的支出，也能够做到独立。

　　然而，没有比渴望赚钱更常见的事情了，这不受任何较高目标的约束。一个全身心致力于赚钱的人，没有不富有的。稍稍动动脑筋、少花多赚、1美元1美元地积攒、省吃俭用，这样钱就会越攒越多。约翰·福斯特引用了一个下定决心赚钱，并最终成功的具有代表性的例子。一个肆意挥霍家产的年轻人，最终变得异常贫穷和落魄，处于绝望的境地。他冲出家门，打算结束自己的生命。当他来到一处高地停下时，俯瞰自己以前的家产。他静坐着陷入沉思中，反思片刻后，突然站起身来，下定决心把财产重新收回来。他回到街上，在一座房子前面，他看到从一辆马车上卸下来一堆煤，煤堆在了人行道上。他走上前说自己愿意把煤运进去，于是人家就雇用了他。这样，他挣了几便士作为小费，他要了一些肉和酒，把运煤赚下的钱存了起来。通过做这些杂活，他挣了些钱，并攒了起来。钱攒够了，他买了几头牛，他深知牛的价值。牛长大后，他把牛卖了，赚了钱。现在，他按部就班稳定地赚钱，如饥似渴地赚钱，渐渐地生意越做越大，最后他终于成了富翁。可想而知，他重新获得的财富比原来还多，但是，他离开人世时，成了一个顽固的守财奴。安葬他的时候，陪伴他的只有一锹锹的泥土。如果他心灵比较高尚的话，同样的决心可能会使这样一个人成为一名不但对自己，而且对他人仁慈的慈善家。但是，这个例子中的主人公，不论生与死，都同样肮脏和龌龊。

拜金

纯粹为了钱而攒钱，即使靠诚实劳动所得，那也只是一件毫无价值的事情。但是，靠掷骰子、投机倒把和不劳而获攒钱，就显得尤为糟糕。为养活他人，为了让自己年老时能舒适独立地生活而攒钱，不但光荣，而且非常值得称赞。但是，单纯只为财富而积累钱财，是典型的心胸狭窄和吝啬之人。智者需要非常小心，谨防自己养成过度攒钱的习惯。另外，年轻时，只是单纯的理财；年老时，就会演变成贪财。对年轻人来说，理财是一种职责；对老年人来说，贪财是一种恶习。对金钱的崇拜，是一种使灵魂狭隘自私的爱，与慷慨无私的生活和行为相悖，而金钱本身并不是"罪恶之源"。因此，沃尔特·斯科特爵士笔下塑造的一个人物曾断言"便士比出鞘之刀杀人更多"，这种现象是伴随着经商而形成的特有的瑕疵之一，一种潜移默化的品性。商人墨守成规，而且，经常故步自封，很难超越。如果他只为自己活着，他会把别人看作是为他服务的手段。看一页这种人的账簿，你就会了解他们的生活。有一位当代名声显赫的实业家，他严谨可敬，毕生都在赚钱，而且很成功。在他临终之际，面对自己最喜爱的女儿，他严肃地说："赚钱难道没错吗？"如果他发现赚钱并守财是无法弥补的错误，他可能会考虑为别人去做善事，以及自己本来可能做的善行。

财富不能证明价值

毫无疑问，用金钱积累的多少来衡量世俗的成功，是件非常令人眼花缭乱的事情。在自然而然中，所有的人会不知觉地或多或少地羡慕世俗的成功。虽然有些人不屈不挠、聪明过人、敏捷灵巧和肆无忌惮，总是留心寻求机会，这或许确实能获得成功。但是，他们的品质很可能不会有任何提高，也不会拥有丝毫真正的伟大。承认金钱至上的人，可能会成为富人，但在精神层面上始终是非常贫穷之人。财富不能证明任何道德价值，财富的光芒常常只能吸引财富占有者对毫无价值东西的注意，犹如发光的萤火虫，显示的是蛴螬虫。林奇先生说："在道德上，1便士可能比1英镑有价值，其代表着更多的勤奋和更高的品质。数年如一日的辛勤劳动，富有创造性公平大胆的交易，通过这些交易方法挣来的钱，确实是值得的。但是，一个人的钱既不能衡量他的财产，也不能衡量他的价值。如果他的钱包鼓鼓囊囊，心胸却狭隘自私；产业规模庞大，但认知水平有限，不够通情达理，财产对他有何用处呢？价值对他有何意义呢？让他一个人做回自己吧，是人的智慧和心灵使其贫穷或富有、痛苦或幸福。因为，这些因素远比财富更强大。

由于贪财，许多人让自己成为财富的牺牲品，这不禁让人想起了贪婪的猴子。在阿尔及尔，卡拜尔农民在树上系了个葫芦，并在里面放些大米。葫芦的上面开个口子，猴子足以伸进一只爪子。夜里，猴子爬上那棵树，把爪子伸进葫芦抓米。它想收回爪子，但是爪子紧攥着，而且它没那么聪明，因此没有把爪子松开。于是，它在那儿一直守到天亮，直到挨抓。尽管手里还握着战利品，但是它看起来特别傻。在生活中，类似这个道德小故事的情况非常广泛。

自我放纵的邪恶

如果像克娄巴特拉（埃及女王，艳后）那样，你已经溶解了珍珠；如果把多年的收入用于自我放纵，你是在引诱他人犯罪；如果你挥霍掉所有的积蓄，像女王的宝石那样消散在空气和尘埃中，我们可能会对这种无价值的牺牲感到惋惜。但是，浪费掉的钱财不会毁掉你。克娄巴特拉女王有另外一颗珍珠，即无与伦比的美貌天赋。美貌与邪恶为伍，只能孵化出一条毒蛇，最终，这条蛇又回到她的怀中，咬伤了她。可以挥霍浪费的财产，使人才搁置不用；珍珠溶于醋中，使得它们毫无用处。但是，等级、财富、健康、烈酒成了助纣为虐的武器，像蝎子卵一样，得到孵育，直至完全成熟。这位即将诞生的复仇女神利用良知，以火辣辣的刺痛永远地折磨着良知。

过高地估计金钱的力量

总的来说，人们过高地估计了金钱的力量。成就世界上最伟大事情的，不是富人或认股册，而是那些赚小钱的普通人。在世界半数以上的地方，基督教之所以能得以传播，靠的就是最底层的穷人。虽然最伟大的思想家、发现者、发明家和艺术家大多属于中产阶级，但就世俗观点而言，他们中许多人的成长条件都不及体力劳动者。财富常常阻碍人的行动，而不是激励人的行动；在许多情况下，祝福与灾祸一样多。对继承财产的年轻人而言，生活过于舒适。因为实现了所有的愿望，所以不久他就满足于这种饱食无忧的生活，便缺少了为之奋斗的特殊目标，他会觉得时间太多，不知如何打发。他的道德和精神生活仍然是麻木不仁的；但他的社会地位往往不高于涨潮漂过的水螅。

"他唯一的工作，就是消磨时间，并且工作是那么的可怕，令人厌倦和痛苦不堪。"然而，在正确的精神鼓舞下的富人会摒弃无所事事，视其为怯懦；如果他想到财富和财产所蕴含的工作职责，他甚至会比那些贫困的人更高声疾呼工作。然而，他绝不会接纳其为生活之道。如果我们只是了解亚古珥完美祈祷的中庸之道，也许我们的命运是最好的："既别让我贫穷，也别让我富裕，供给我便利的食物。"

富家子弟的衰退

不久前，一所最大银行之一的行长说："一位富人的儿子刚刚离开了他的位置，而且他将是他雇用生涯中最后一个这样的人。"他忠诚老实，并能很好地完成交给他的所有职责；但是，正当他已经习惯了自己的工作时，他发现这份工作过于受限制，而且在他的岗位上必须安置一位新员工。

对富家子弟严加监视，这已是重复了上千次的老办法了。如果富家子弟不能忍受这种苦差事的话，那么几乎他们的父辈就要靠此来保卫他们的金钱和社会地位，这些长辈必须在下一代人中干到中等的位置。如果他们真不想与游手好闲的人和罪犯打成一片，那么在那些无所事事、毫无价值的乌合之众眼中，很难见到他们的踪迹。

几乎每个身居要职的人，在步入社会时，都始于贫穷的生活。如果富家子弟想体面地继承父位的话，就要引以为戒，每天诚实地工作。

真正可敬之人

可敬，按其字面的意思来说就是好。可敬之人，字面上值得重新加以考虑，意思是值得敬重的人。但是，仅留于表面的那种尊敬无论如何是不值得关注的。品行善良的穷人比品质恶劣的富人更好、更受人尊敬；等级卑微、沉默寡言的人比有车、和蔼可亲、设备齐全的流氓无赖更好。通情达理、博学多才，生活目的明确有益的人，无论他从事什么工作，都会比普通世俗公认的可敬之人有更大的价值。我们所崇尚的生活的最高目标是养成一种果断的性格和实现理智、道德、内心和灵魂最大限度的身体和精神的发展。这才是生活的终极目标，其他一切只能被认定为生活的手段。因此，那种最快乐、最富有、权利最大或地位最高、荣誉最多或名气最大的生活不是最成功的生活，而那种最富于男子汉气概、完成有益工作最多和具有人类责任最大的生活才是最成功的生活。在某种程度上说，金钱就是力量，这是事实。但是，智慧、公益心、道德品质也是力量，而且是更高尚可贵的力量。科林伍德勋爵在给朋友的信中写道："让其他人去恳求养老金吧。通过努力来战胜一切贫穷，我虽然没有钱，但是我会很富有。我愿意清清白白、不含私利动机地为祖国服务；老斯科特和我就用原来的养老金，继续在我们的菜园里工作。"

还有一次，科林伍德勋爵说："我的行为是有动机的，我不会以此来换取100美元的养老金。"

正如人们所说的那样，赚钱无疑是一种会使人进入上流社会的手段。但是，他们要想在那受到人们的尊敬，就必须具备思想、行为、精神方面的素质。否则，他们也只是富人而已。现在，在上流社会，有一些人富如克利萨斯王，但是他们的人生没有更为长远目标的追求，也不会受到外界因素的影响。为什么呢？因为他们只是阔佬，他们唯一的本事就是他们有钱。那些社会舆论的先导者、观念的主宰者和社会知名人士，是真正获得了成功并对社会有益的人。当然，也不是因为有钱才会被尊重，而是因为他们品质优秀、训练有素，而且富有实践经验和道德美。

奢华的生活

如果中产阶级按自己的收入水平生活，他们会过得很愉快。一般来说，奢华的生活对社会风尚的影响不是非常大，但也是非常不健康的。时下盛行把男孩培养成为绅士，或"上流社会"之士；可结果经常是，他们成了假绅士。他们沉溺于服饰、风度、奢侈和文娱活动，而这些对他们养成男子汉气概或绅士风度毫无益处，最终导致的结果是大量华而不实的年轻人，涌入了所谓的"上流社会"。有时，他们使人想起海面上一艘被遗弃的船，上面只有一只玩耍的猴子。

虽然我们可能不富有，但是我们可以经常用诚信维持体面。在现有的生活条件下，虽然上帝愿意召唤我们，但有些人没有勇气不断进取，而偏要在"上流社会"过那种可笑的生活。为了获得社会大剧场的前排座位，人们不断挣扎和承受着巨大的压力。在这里，所有高尚和克己的决心都受到了践踏，而且许多人性的优点也不可避免地遭到了毁灭；在这里，我们也没有必要继续赘述这会导致何种的浪费和灾难。

勤奋和持之以恒

西尼·史密斯说："如果我们的地位得到根本的提升，通常会表达为'像火箭那样升起和像棍子那样落地'，但是，没有勤奋和持之以恒，是很难实现的。年轻人普遍认为努力与天赋不共戴天，因为担心别人认为自己反应迟钝，所以他们认为有必要继续保持无知。为了说明那些给人们留下最深刻印象和才华横溢的天才，最伟大的诗人、演说家、政治家和历史学家，实际上与字典的编纂者和索引编写者一样都在努力地工作着。他们优越于其他人的最显著的原因是他们比其他人付出了更多的努力。"

每个冬季和夏季的早上6点钟，吉本都在学习；伯克是人类中最勤劳努力和不知疲倦的人；莱布尼兹从未离开过他的藏书室；帕斯卡因为学习劳累过度而致死；西塞罗因为相同的原因幸免一死；弥尔顿就像经商和当律师那样有规律地专心学习，他掌握了当代的大量知识；霍默也是如此；拉斐尔只活了37岁，但是，在他短暂的人生中，他的绘画艺术水平达到了独一无二、无与伦比的高度，从而成为后继者的楷模。

化学家道尔顿总是否定自己是"天才"一说，他把自己取得的一切成绩都简单地归功于勤勉和长期的积累。

前辈迪斯雷利认为，所有成功的秘诀在于精通专业，持之以恒的努力和学习。当有人问牛顿用什么方法想出那么奇妙的发现时，他谦虚地回答："勤于思考就会成功。"

训练有素和具备工作素养，是获得成功的关键。技能源于苦练，不勇于实践就一事无成。坚持不懈的努力会使最平凡的事情产生神奇的效果。拉小提琴似乎是件容易的事情，却需要长期苦练。一位青年问基阿迪尼，学会拉小提琴要多长时间，他说："每天练习12个小时，连续20年。"

伟大的女芭蕾舞演员泰格利欧尼，正在准备晚上的演出。每天都要上2个小时他父亲的课程，这个课程是高强度的，通常这个时候，她会累得筋疲力尽、毫无知觉地倒下去，甚至连脱衣服、洗澡这样的事情都要由别人帮忙完成，直到最后她慢慢苏醒。只有付出这样高昂的代价，才能取得成功。勤奋不及一半者几乎是不可能成功的。然而，一般来说成功的进展是非常缓慢的，短期内是不可能创造出奇迹的。在循序渐进的发展中，必须立足于根本，必须不断完善自我。有句谚语说得好："懂得如何等待是成功的秘诀。"先播种，然后才是收获；我们需要耐心等待收获，果实的成熟往往也最值得慢慢等待。东方谚语说："时间和耐心会把桑叶变成丝绸。"

通常情况下，人生最大的成就是用最简单的方法和平凡的努力获得的。日常平淡的生活、生活必需品、对生活的忧虑，以及种种生活责任，为获得最好的成功经验提供了充足的机遇；并且，日常生活为真正的工作者提供了自我完善的空间和机会。人类的幸福之路就是坚定不移地沿着做好事的大道前行，在我们心里，那些最真挚而又坚毅的人，总会取得成功。

人们经常指责运气是盲目的，但实际上运气并不像人们想象的那样盲目。那些观察实际生活的人会发现，运气通常支持勤劳的人，正如风浪支持最优秀的航海家一样。只要坚持不懈地努力，就会成功。尽管有时我们可能会过高地估计成功，到近乎崇拜的程度，不过任何有价值的追求都是值得的。成功应具有的素质也不必与众不同。一般情况下，也许应该把成功的素质概括为两个方面——常识和毅力。

勤奋与勤恳

既勤奋又勤恳的劳动者并不多见，人们对逐渐和缓地完成一件大事而感到惊讶。勤奋与和缓是取得成功的最好标准。如果有任何其他的方式，那是非常罕见的。洪水泛滥时，天空降下的不是雨水，而是露水蒸发之物。如果一个人既不优秀，又不明智，也不富有，但是，只要他慢慢攀登这些小山，前景就会得到改观，直至最后攀至峰顶。现在，学会一种美德，然后，谴责一种恶习。一个人养成每天用一小时学习的习惯，他会从中受益的。如果他每年都能吃进一点股票，他可能会赚大钱。如果一个人只存钱而不花钱，钱会越来越多。虽然谷物分散时几乎为零，然而聚到一起仍不失为一座山。能耐心赚取小利润的人，则很快会繁荣发展壮大；赚钱越轻松，利润也会越丰厚。因此点点滴滴的积累，最终会获取智慧宝藏的。如果上帝想让人类完成大事，那也必须是逐渐发展壮大的，勤奋和勤恳是上帝留给人类的必修课。

忠告

用丰富的思想武装自己，通晓古今之事，自然、民间和宗教之事，家庭与国家之事；国内与国外之事；现在、过去和未来之事；重要的是，要了解上帝和你自己；掌握动物本性和你自己的情绪活动状况。

勤奋而专心地读最好的书，是获得广泛的思想财富的方法；与最精明和聪明的人交往，你会得到提高；不要把时间浪费在懒散、不相干的唠叨或无用的琐事中。人们在导游的陪同下，观光游历自己的城市和国家的同时，也要参观其他城市和国家，而且还要善于观察；要有观赏艺术和自然界奇观的好奇心；不但要向他人学习，而且要亲自学习和探索事物；不仅要通晓书本知识，而且要了解人类文化；不但要尽可能多地直接了解所有的事物，而且要尽量用你的思想来表现事物，绝非仅仅表现他人的思想；这样，如同宏伟的建筑一样，展现在别人面前的你的灵魂是活生生的真迹，而不是赝品。

用最合适的方法来留住那些你获取的思想宝藏；因为，除了努力和劳动能强化记忆以外，大脑会淡化、遗忘许多记忆。

特别重要的一点是，要加倍呵护和收藏它们。作为一名基督徒，这些思想珍品要么给你永恒的幸福，要么适合你生活的特殊身份和职业。虽然前面介绍了认识事物的一般性原则，然而那只是人类需要的一般和肤浅的认识。这些认识与人类自身所特有的事物无关；但是，你很有必要更详细准确地认识那些涉及你生活职权和责任或涉及他人幸福的事情。

勇敢的希望

希望就像太阳，我们向它迈进，它就会在我们身后，投下我们责任的影子。让人充满希望的工人之一的传教士凯里，总是表现出最愉快和最勇敢的精气神。在印度时，他曾在一天之内，使3名学者筋疲力尽，而且这并非罕见之事。凯里本人只有改变职业时才会休息。凯里是鞋匠的儿子，他的工作得到了沃德（一个木匠的儿子）和马什曼（一个织工的儿子）的支持。经过他们的努力，在萨拉佩瑞建造了一座宏伟的大学；建造了16座繁华的车站；把《圣经》翻译成16种语言；在过去的英属印度，撒下了仁慈的道德革命的种子。

凯里对自己卑贱的出身从不感到羞耻。一次，在总督将军的餐桌上，凯里偶尔听到对面一位军官故意大声问另一位军官，"凯里曾经是不是一位鞋匠？"凯里则立刻大声地说："不，先生，我父亲只是位补鞋匠。"

为了耐心地等待，人们一定要愉快地工作。快乐和勤奋，不仅能帮助人们获取幸福，而且也是成功的基石。人生最大的乐趣莫过于尽职尽责、活泼开朗、干劲十足、信心百倍和获取所有其他确定无疑的良好品质。

劳动者常常对现有报酬或工作的前景感到不乐观，但为了公益事业，他们尤其要长期和耐心地工作。农夫播下的种子，在冬天，往往藏于雪下，春季来临之前，农夫便可以休养生息。

选择良友

两个人总比一个人要好，而且，如果你能找到一个忠实可靠的朋友，既能得到保护又能得到鼓励。当然，在一些方面，许多人胜过两个人。所以，在年轻人交往中，没有比广交朋友更为明智的了。同时，通过一些人的信息指导和其他人的更加坚定不移的信任或丰富多彩的经验，还有那些富有哲理的小话题，会让你学会准确无误地进行思考。在公开演讲时，你要么获得有用的才能，要么学会利用这种才能。

热爱知识

关于"热爱知识"的主题，西尼·史密斯记录了下面的一段话："我庄严地宣布，如果不是为了热爱知识，我认为筑篱人和挖沟人那种最低下的生活，会比那些伟大的、富有人的生活更有意义。因为智慧的热情，宛如波斯人在群山之中点燃的火种，日以继夜燃烧的火焰是不朽的、不会猝熄的！人们必须面对的事情，是纯洁无瑕的精神或玷污热情的污秽渣滓。我要赞扬的是爱纯真、爱美德、爱纯洁的行为。所以要正确审视、理解知识，用伟大的爱、热烈的爱，同时代的爱来热爱知识。如果你既富有又伟大，那么，热爱知识会维护已经获得的这些财富，而且会得到人们的认同，它称之为正义；如果你贫穷，热爱知识会令贫穷变得体面，而且最令人自傲的是它会使那些嘲笑者陷于不义；热爱知识会宽慰你、装饰你、永远不放弃你，并向你敞开思想的无限领域。作为一种庇护，热爱知识会帮你反抗残酷、反抗不公平，而且，热爱知识在习惯上会使你的动机变得伟大和可敬。一想到卑鄙和欺诈行为，知识就会瞬间照亮无数高尚的思想来藐视它们。

"因此，如果有的年轻人已经开始追求知识，那么，就让他毫无疑惑和毫无恐惧地大胆追求。不要一开始就让乏味的知识把年轻人吓倒；不要让黑暗把年轻人吓着；不要让年轻人在困难面前徘徊不前；不要让年轻人因为恶劣的居住环境而遭受苦恼；不要让年轻人因为遇到的贫困和痛苦而遭受困扰，而是让这些年轻人永远追随知识。并且，作为有天赋的人，知识最后会把年轻人带入光明。在所有事务和办公室生活中，年轻人会向世界展示自己学识渊博、想象力丰富、推理能力强、精明能干，甚至优于其他同伴。"

不同的人喜欢不同种类的知识，但是，有些人却精通各种知识。许多人的错误在于，他们野心勃勃，并得到征服，企图学习自己不喜欢的知识。结果，世界上产生了许多只受过半瓶子教育的人，就像那个孩子和那些苹果的故事一样。一位绅士买了很多苹果，并把其中的一个给了一个小孩儿。小孩儿很高兴，并急不可耐地接过苹果。然后，绅士又给了这个孩子一个苹果，孩子也接了过去。绅士不停地给孩子苹果，孩子也很快地接了过来，直到最后，孩子的手臂里装满了苹果，就在孩子伸手去接最后一个苹果时，他怀里所有的苹果都滚落到了地上。这就是"贪多必失"的道理。

克己

克己这门课的重要性，远远超出其他任何课程。克己必须重复多次后，才能被人铭记于心。不过，这种努力是很值得的！不刻意寻求快乐的人，才是最为快乐的人。不回避痛苦，而是在完全无视自我的情况下，连续做好每一件自认为好、善良和正确的事情。人应该将此信念铭刻于心，并身体力行，寻求把事情做到最好，而不应该绞尽脑汁寻开心。事实上，在生活中，所有人的本质都是善良和伟大的。善良是通向幸福的正确之路。由于善良，神父舍小家顾大家，离开了家和同胞，甚至在生活中，他会收100个信徒，无疑，这位神父才是救世主。

懒惰不会幸福

男人和女人最常犯的错误，就是在有益的工作之外寻找幸福快乐。然而，这是徒劳的，这个道理，从自然界存在以来，就已经被证实了。人们越早了解这个真理，就越早受益。如果你对此有疑义，那么请留意周围的朋友和熟人，选择那些生活得最幸福快乐的人，看看他们是游手好闲和寻欢作乐之人，还是认真工作之士。我们能想象到你的答案。在我们有幸或不幸了解到的所有痛苦的人当中，那些为自享其乐而从有意义的岗位上退下来的人，是最可怜的人；相比之下，那些被迫拼命工作或为生计辛勤工作的饥饿之人，才是幸福的人。

拖延

怀特尼夫人在她的一本书中写道:"生活中所排挤出来的东西,是经过生活检验的结果。"从最广泛的意义上来说,我们相信这话是千真万确的。仔细审视我们的生活,我们会发现自己常用这种想法进行自我欺骗。如果有时间,我们就完成某些事情。事实上,当时我们没有想到做事的真实欲望。

有人说,读书完全没有必要;有人哀叹不能维持社会关系;还有人坦率地承认,如果自己从事慈善事业的话,一定会很开心。这些人一直都用谬论进行自我安慰,他们抽时间做的事情才真正是他们更喜欢的事情。那些没时间做的事情,即使生活得悠闲自在,他们也不会择其而为。许多妻子和母亲总是忙于操持家务,每20个人中只有1个人喜爱音乐并挤时间练习。数以百计的年轻人迫于环境压力,为日常生活而努力工作,但是或许只有千分之一的人能战胜工作中的困难,一举成名。这千分之一的人,也许不会为跻身名流而忧愁,但是他们非常渴望成功,也会确保亲力亲为做一些必要的事情。

时间的价值

约翰·洛克是英国哲学家,深受当代许多贵族的喜爱。他们喜欢洛克直爽和敏捷的头脑，甚至偶尔欣赏洛克自我陶醉时的严厉谴责。一次，洛克应阿什利勋爵的邀请参加一次重要的会议。当洛克到来时，他们正在打牌，而且连续进行了两三个小时。洛克旁观了一会儿，从口袋中拿出一个小册子，在空白页处起劲地写起来。最后，他们问他在写什么，他回答说："阁下，在与你们交往中，我在力所能及地提高自己。因为能与当代聪明的智者一起出席这样的会议，很多人急不可待并深感三生有幸。我想最好的方式，就是将各位的谈话内容记录下来，现在我已经在这里记录了一两个小时了。"这些高尚的贵族看到他们无聊的谈话内容后，会感到非常惭愧，于是他们会立刻停止打牌，并开始讨论一个重要的话题。

托马斯·卡莱尔对闲话提出了尖刻的斥责，他说："如果我们可以允许全能的上帝记下我们的闲话，并认为有益的话，可怜的博斯韦尔（英国的传记作家）就不必顾忌着按照自己的旨意行事了。"

零散时间的价值

伊莱休·伯里特（一个有学问的铁匠）写道："伴随着一颗颗粒子、一次次思考和一个个事实，通过单调乏味、耐心和持之以恒地堆起蚁丘，是一件不断积累的工程，所完成的、或期待完成的、或希望完成的事情都已经办完。如果我算有上进心的话，我最大的和最强烈的愿望，就是充分利用那些无法估量的零散时间，为我国年轻人树立一个榜样。"

迟到

火车以闪电般的速度在疾驶，前面是个弯道，越过弯道是个车站，那里通常车辆川流不息。售票员迟到了，致使南下列车待命时间已过。但是售票员仍然希望安全驶过弯道。突然，在正前方一辆机车风驰电掣般冲了过来，刹那间发生了碰撞。尖叫声、撞击声响成一片，50条生命永世终结，造成这一切的原因就是售票员迟到了。

一场伟大的战役正在进行着，在关键的8个小时中，一队队人马突袭驻扎在山脊上的敌人。夏日夕阳西下，防御者在顽强抵抗，等待着援军的到来，最后一次冲锋就能占领阵地，否则就会前功尽弃。从全国各地召集的一支强大的军队，如果它能及时赶到，一切就事遂心愿了。伟大的征服者相信援军会到来，并组成预备突击队，命令他们向敌人发起进攻。格鲁西率领的援军未能及时赶到，帝国卫队被击退，滑铁卢失守。所有这一切，就是因为拿破仑的一名元帅迟到了，所以拿破仑作为一名囚犯死在了圣赫勒拿岛上。

一家在商界处于领先地位的公司，长期与破产做斗争。因为公司在加利福尼亚州有巨大的资产，公司期待某一天会收到汇款以解燃眉之急。如果承诺的款项能及时抵达，那么公司的贷款、信誉和未来的繁荣就会得以保全。但是，一周又一周过去了，资金始终没有到位。

黎明时分，轮船收到电报；经询问发现船上存款不足，于是，公司倒闭了。第二次随船给破产者带来近50万元的破产抚恤金，但已经为时过晚，因为代理商在办理汇款时迟到，所以那些钱也没派上用场。

一名死囚犯了命案被拉出去处决，但是公众群情激愤，对他深表同情，并积极替他辩护。数千人在请愿书上签字，请求缓期执行。处决的前一天晚上，有望得到满意的答复。尽管郡治安官信心百倍，但是，批准缓期执行的批文未到。信差始终没有出现，早上就这样过去了，最后，处决的时刻到了，囚犯被带到行刑地点，用帽子遮住眼睛，枪栓拔了出来，然后，一具尸体随风倒在了地上。就在那时，一个骑马人出现在眼前，他策马从山上飞奔而下，只见马嘴里吐着白沫，他右手拿着一个包裹，并用力向人群挥舞。他就是那个送公文的信使，但是他来得太晚了，以致一个无辜的生命就这样死去。就因为送信人的表慢了5分钟，致使无辜人断送了性命。

生活中此类事情屡见不鲜。最周密的计划、最重要的事情、个人的命运、国家的福利、荣誉和幸福以及生命本身，就因为有人迟到，所以每天都在流失。还有其他一些人年复一年地推迟改革，直至死亡降临到他们身上。因为他们常常迟到，所以他们麻木不仁、顽固不化。只不过是一小会儿，然而常常会节省一大笔钱或赎回一条人命。如果有一种美德需要对追求成功的人士进行培养的话，那就是准时。如果有一个错误应该避免的话，那就是迟到。

一个接一个

一粒粒沙子流动不已，

一点点时间川流不息；

来来往往永无休止，

完全把握绝不可及。

一个个职责等待着你，

履行职责要竭尽全力；

不要为梦想扬扬得意，

先把握职责教诲的真谛。

一个个华丽的天堂之礼，

上帝向尘世把欢乐赐予；

欣然接受赐予之礼，

随时恭候离去之期。

一个个痛苦不期而遇，

全副武装无所畏惧；

迎来送往永不停息，

暮色终会降临大地。

人生苦长莫嘲笑，

一时的痛苦是多么的微不足道；

未来会得到上帝的帮助，

重新开始每天要做到。

一个个时辰缓慢流过，

一份份工作承担去做；

宝石镶嵌要谨慎斟酌，

王冠神圣耀眼闪烁。

链接上帝的象征是时间，

通向天堂，但要一个接一个；

在你朝圣之前，

不要让链条折断。

——普洛克托女士

青年时期的学习

丹尼尔·韦伯斯特在演讲时，曾经讲了个动人的故事。有人问他故事的出处，韦伯斯特则回答说："故事装在我的脑子里已经14年了，而且直至今日才有机会讲出来。"

　　我的一位朋友想知道学习"三法则"或承诺一节《圣经》会有什么好处。答案是这样的："有时你会很需要这种东西。也许要20年你才需要它，但在此之前，你一定学过并存于适当的地方。然后，如果没学过，你就像猎人遇到熊时，枪里却没有子弹。

　　一个最近失去财产的人说："25年前，我的老师让我学习测量。现在我感到很高兴，正好派上用场。我现在工作好，薪水高。"

友善的力量

　　在法国大会期间，精神病院院长帕内尔渴望能得到允许，让他用一种新方法帮助精神病患者康复。那时，人们对待精神病患者通常像对待牲畜一样，用鞭子抽打他们，给他们戴上锁链，将他们牢牢地绑在病房的地板上。成百名患者就这么绑着。这时，帕内尔想出了一个好办法，他向大会建议从根本上改变传统做法，并特别建议像对待病人那样对待精神病患者，将他们从锁链中解放出来。

　　当大会通过帕内尔的建议时，大会主席凯森先生认为看守同样也疯了。实验的日子到了，看守首先释放了一个被绑了40年的可怜人。此人是人类愚昧无知和残忍的受害者，他并没有像凯森想的那样去伤害他的恩人，而是静静地走到病房的窗边，满含着眼泪向窗外望去，他望着静静的天空，轻轻地说，"真美呀，哦，多美呀！"

　　难道人类的友善会有如此巨大的力量，竟然能控制并重新点燃即将熄灭的理性之火吗？上天的恩典却不能软化冷酷无情的心，不能使人过上正常的生活。当恩典惠及罪恶而黑暗的囚室，将不公正的桎梏砸碎时，得到解放的灵魂在惊异于这无与伦比的仁慈的同时，不仅会赞叹"太美了，太美了"，而且会通过思想和行动表达他的感激、爱和赞美，即便他的思想和行动掩盖在"神圣的美丽"的外衣之下。看到这些，我不禁被折服了。

既往不咎

过去的事情就让它过去吧，
如果过去的一切让你感到遗憾，
哦，就让它们尘封在最黑暗的角落：
原谅与忘记是明智的抉择。

过去的事情就让它过去吧，
化腐朽为神奇，不要为不幸而烦恼忧虑；
最聪明的人也有愚蠢之行，
最宽容的人是那些学会原谅与忘记的人。

过去的事情就让它过去吧，
不要以为情感之光已夕阳西下；

片刻黯淡之余，光芒会更加耀眼明亮，

如果像基督徒那样，你要学会原谅与遗忘。

过去的事情就让它过去吧，

当友善得以接受，你的心情会有更轻松的感受；

心灵的光辉会更加纯洁和明亮，

如果像上帝那样，你会努力学会原谅与遗忘。

过去的事情就让它过去吧，

清除怨恨的毒素，

为那些祈求上苍怜悯之人树立榜样，

迟迟不能学会原谅与遗忘。

过去的事情就让它过去吧，

记住上苍对我们是多么的宽容忍让！

那些人无视上帝的无限仁慈与善良，

对上帝 "原谅与遗忘" 的告诫置若罔闻。

——选自《钱伯斯》期刊

年轻人的轻率

一般而言，我宁愿人们没完没了地谈论老年人的轻率，也不能容忍人们喋喋不休地谈论年轻人的轻率。当一个人完成了工作，而命运没有发生任何实质性的变化，如果他愿意，就让他忘记自己所做的辛苦工作，就当同命运开了个玩笑。但是，当未来命运的每次危机都取决于自己的决定时，你还能找什么借口固执己见吗？是年轻人的轻率！当全部家庭幸福都取决于一时的机会或激情时，是年轻人的轻率！当每个行为都是将来行动的基石，每个想象都将决定生死时，他何以轻率！要轻率就等若干年以后吧，而不是现在。实际上，人只能在一个地方，即在灵床上，可以不必思考肆意轻率。

华盛顿谈发誓

100年前，在1779年7月29日，就亵渎神灵的做法，华盛顿将军在西点军校发出了一道特别的命令："正是由于上帝无限的仁慈，我们才能生存并希冀过上舒适的生活，然而，上帝的名字却遭到了恶意的诅咒。因此，为了宗教、礼貌和秩序，我希望并相信各级官员都能运用自身的权力与影响力，制止这一无耻而又愚蠢的行为。如果官员们能够制定一条必须遵守的规定，对犯此类错误的士兵进行训斥，在训斥不起作用的情况下，可以对士兵进行惩罚。我相信，只要坚持这样做，就会取得令人满意的效果。"

为了反对这种无意义而又令人讨厌的发誓，过往已经发布了许多有针对性的命令。然而，华盛顿将军为此感到遗憾，因为他发现这种发誓的方法，现在相比以往已经有过之而无不及了。而且，每当听到这些誓言和诅咒时，华盛顿将军的情感就会因此而受到伤害。

当心小的过错

正所谓"聚沙成塔"、"集腋成裘"，又所谓"冰冻三尺，非一日之寒"，这些古老的中国文化典故，正从另一侧面警示我们：勿以恶小而为之。

倘若一个人本着"大错不犯，小错不断"的处世观生活的话，这些过往的小过失逐步累积，不但会侵蚀这个人的性格，而且还会对其人格造成深远的影响。因此，只要有些过失能够迅速腐蚀一个人的性格，那么，提醒诸位看客：这种过失，请千万远离它，也请千万别尝试。

在人的一生当中，要警惕那些像溃疡一样起着破坏作用的一个又一个小的开始，提防那些正远离正确航线的最为轻微的偏离。现在，我们闭上眼睛思忖一下，假如有两条路可供人生抉择、一条是直路，另一条则是已经发生了很大偏离的路，那么，只要你的人生旅程跋涉得足够长，你就会发现这两条路的差距简直有着天壤之别：一条路通向了天堂，另一条路走向了地狱。

我所言的这两条路，并非耸人听闻。因此，在人生的道路上，切莫让心灵背负一个又一个由过失堆积起来的重负。在人的一生中，虽然有许多负担都是通过点滴积累起来的，但是由于人们不断地给自己增加过失的负担，久而久之，人们的心灵就会被灵魂压碎。

众所周知，沙子不重，但沙袋挺沉。一个人完全可以将一粒粒沙子轻易地举起，但是，当堆积起来的沙子压在一个人的身上时，就会压断人的骨头。如果沙子吹过地面，它会将金字塔、狮身人面像、神庙及人们的家园掩埋在其贫瘠坚硬的沙层之下。同样，麻风病会使人的肌肉从骨头上烂掉，使人的关节和肢体萎缩，让人变成"活死人"。因此，倘若人们不与自己计较过失的分量，那么，每个人都会在潜在欲望的支配下一点点被腐蚀。

一丝不苟地做好小事

能将大事做好的人，只要给他平台，不少人都能达到预期的目标；但是，能将每一件小事都能做到尽心尽力、尽善尽美，而且持之以恒、长年累月地在平凡的工作岗位上干出如此成绩，恐怕在这个世界上，这样的人屈指可数。

一个女人盖好了一栋房子，便请来粉刷工粉饰自己的房子。这位粉刷工是基督教的成员，负责教会的工作并勤于祈祷。粉刷工极其虔诚，活儿也干得不错，但是，这个女人后来发现粉刷工忽视了一些自认为不会被发现的地方。于是，女人就对旁人说："从那以后，我再也不相信那位粉刷工的虔诚与祈祷了。我宁愿相信用油灰将钉子眼堵住或粉刷高层房门顶部的基督徒，也不会相信他了。"

有位检察官说，这位粉刷工像许多基督徒那样，他们根本就没有认识到虔诚与粉刷、抹油灰之间的密切联系，自然就没能一丝不苟地做好小事。其实，生活中的小事，往往最能说明问题。因为，对基督徒性格最严峻的考验，恰恰是鸡毛蒜皮的小事。每一个雇主都知道，要想找一个对待工作一丝不苟、从不拿工作当儿戏、从不浪费雇主的时间和物品的雇员，实在太难找了。一般来说，对于一个民族或者一个国家来讲，培养民众认真对待日常生活当中的小事，显得十分重要。有时，人们可能认为一个人细心的程度或者尽心的程度，似乎与虔诚毫无瓜葛，但是当有人问画家奥皮如何调色时，奥皮答道："用心调，先生。"

因此，基督徒最佳的性格类型，必须是那种能够将日常工作与良心结合在一起，并努力做好每一件事，甚至对上帝来说最微不足道的事情。并且，在这种性格成为基督徒的日常生活标准之前，基督徒的虔诚与祈祷都要受到怀疑。

忧虑的效应

要想获取快乐，忧虑无疑是拦路虎。倘若我们下定决心摒弃琐事之扰，那么，我们就能避免大部分的忧虑。因为境由心生，忧虑也恰恰常常因为琐碎的事情而引起。

《钱伯斯》杂志的一位作家说："相比那些简单的体力劳动，忧虑的效应往往更能侵蚀人类的灵魂，这一点在那些从事紧张工作的人身上表现得十分明显。无数的临床病例显示，投机商、赌徒、铁路部门经理、大商人、商务工作主管等职业人群，常常表现出大脑衰弱的症状。由于情感压抑导致的精神病例，常常与需要处理多个复杂事情的职业的人联系在一起，而这些精神压抑恰恰能够最终摧残最为坚强的人。

"从事繁重工作的人们，得到了哪些力量的支持？当我们在调查这些从事特殊行业的人群时，有必要将人们受过的早期训练考虑进去。如果一个年轻人突然被安排到一个非常操心而且需要承担很多责任的岗位上，这个年轻人就会慢慢垮掉。然而，如果这个年轻人是逐渐习惯了这个岗位，那么，他就会很容易履行自己的职责。也许正是这个原因，过度紧张的工作给职业阶层造成的影响，要远远小于其他并不紧张的工作。因为，从事紧张工作的人，已经具备了长期的预备训练，他们的工作强度被一点点增加，因此，当工作量过大时，他们已经做好了迎接挑战的准备。另一方面，那些突然升入一个要求长期从事艰苦脑力劳动岗位的人，一般会过早地死亡。"

忍耐

人类历史告诉我们，如果一个人喜欢发脾气，那么，他就会一事无成。无数经验表明，许多老总在生意上失败后，总是将原因归结于自己在发货时说了一些欠考虑的话。当事情出现了差错，生意萧条、前景黯淡时，一味地冲那些与事件本身有联系的人说一些言辞激烈而气愤的话，这种行为不仅伤害了合作伙伴，而且也降低了自己的品行。

一个人脸上紧锁的眉头，能很好地展示内心的情感。通过某个人的外部表情判断一个人的性情，是被历史印证了的规律。那些脾气不好、固执己见的人，一方面因为自己常常将内心世界一展无遗，使得对手了解了自己的性情；另一方面，因为发火而说出的话，往往会对人恶语中伤，因此，这样的人很少能获得成功。

所罗门曾经说道："不轻易发怒的人，胜过勇士；制伏己心的人，强如取城。"相比于那些言语急躁的人，愚蠢的人比他们更易接近人，更容易获得他人的好感。当困难归于平静时，往往能够得到果断的处理，困难也就会烟消云散；当心情不好时，就会急躁地处理困难，往往适得其反，困难不仅没有远离，反而滋生了更多的困难。

真与假

你对我的辱骂，不会让人们更加明白我们的辩论；你对我的威胁，也不会阻止我为自己辩护。你以为自己很强大，不会受到伤害，但是我认为自己掌握着真理与清白。当暴力企图压制真理时，便展开了一场奇怪而持久的战争。暴力削弱真理的一切企图，在历史的论证下，都显得苍白无力，其结果也只能是真理变得至高无上。真理试图制止暴力的努力，在历史的书页里，它也没能占到多大的便宜，其结果只能引起更大的暴力。

当两股力量产生抗衡时，强者会消灭弱者。当两种论据相对时，更真实、更可信的论据则会挫败并击毁虚假的论据。但是，当暴力与真理相对时，彼此都对另一方无能为力。然而，不要以为它们处在同一水平线上，在它们之间也存在着绝对的差别，暴力受制于上帝的法令，上帝也迫使暴力攻击真理的辉煌，然而，真理将永存，而且最终会战胜它的敌人。

——帕斯卡

真理是世界上最强大的东西，因为小说只能通过模仿真理才能取悦人们。

——沙夫茨伯里

真理就像闪电、阳光一样，能证明自己的强大。

——F.W.罗伯逊

性格

为了对人的性格进行分类，我们检查了各种人的性格，然后发现一些人的性格主要取决于自身的身体条件。性情通常能决定生活的整个面貌，这也解释了一些人与其他人在性格上的差别。

有一种人，因为身体的缺陷，变得忧郁或病态。在他们眼里，一切都蒙上了阴影，于是，总是很自然地看到事物的黑暗面。如果你将这种人带到光明面，他也会带着那层布满了阴影的视网膜，将光明的一面也看得黯淡起来。然而，另一种人则有多血质的性格，生性开朗乐观和充满希望。这样的人，很自然会看到事物的明亮面，当他们接触事物的黑暗面时，他们开朗、乐观的性格会使事物的黑暗面也会变得明亮起来。他们生性喜欢快乐和欣喜，他们真可谓是光明之子，即使生活发生了不幸，他们也会为事情没有变得更糟而庆幸。

一个荷兰人从梯子上掉了下来并摔断了腿，他却对惊慌失措的家人说："我很高兴摔断的不是脖子，而只是腿。"这个荷兰人太乐观了，以至于他拥有了积极的心态，生活得很满足与幸福。每当乌云密布时，乐观者都能看到一丝光明。倘若你对乐观者说自己陷入了不幸，乐观者会说："我相信，你很快就会克服不幸的，而且，我会告诉你怎么做。"反过来，忧郁的人则会说："我早就告诉你，让你别那样做，你却不听，现在好了吧，印证了我所说的话了吧。"然后，悲观者会煞有介事地摇着头，似乎很满意这只是烦恼的开始。

对悲观者来说，即使一件事情充满了快乐，他们也会忧虑事情朝不好的方向发展。而且，如果悲观者发现你充满了快乐，就会想起曾经那些短暂的喜悦，然后忧郁糟糕的事情会不时降临。悲观者的脸上总是带着忧郁的表情，希望某件事千万不要发生。

悲观者适合参加葬礼，但是如果邀请人一时昏了头，将悲观者邀请参加野餐或婚礼宴会，那可就是一件糟糕的事了。如果这件事情真的不可避免，邀请人就祈求上天能让自己也见到乐观者吧。乐观者一向是坏情绪的避风港和防御墙，比如，当你遇到尴尬之事或不得不去看望朋友的第一个孩子，并要评论这些严峻考验时，你就应该选择带一名乐观者随行。如果你像某些人那样敏感的话，就会发现这是个严峻的考验。因为你觉察到孩子的父母都认为自己的孩子是世界上最棒的，而且由于得到了医生的确认，这种想法使他们更加深信不疑。但是，如果孩子实际上很丑的话，你会怎么说？你会怎样看？你会乐观地对待这件事吗？然而，乐观者会在任何一个婴儿身上看到值得人们欣赏的地方。如果孩子活泼可爱、跳个不停，乐观者会叫道："多么好的孩子啊！多么有活力啊！多么有朝气啊！"如果孩子反应迟钝、缺乏生气、目光呆滞，乐观者则会惊叫道："多么有思想的孩子啊！多么稳重啊！多么有头脑啊！"如果孩子生来腿就长在头上，乐观者马上会想到，当孩子头朝下跌倒时，这条腿恰恰能保护好孩子的脑袋。

——戴维亚·麦克雷牧师

性格有许多种表现形式，有些人认为，一个人的笔迹就是其性格的一种表现方式。这种说法也有些道理。为了证明这一点，诗人雪莱在他的一封信中对自己的两位兄弟，分别就诗人的性格对他们进行了判断：阿里奥斯托的笔迹细小、坚定、笔锋犀利，这表明他的思想强烈而敏锐，但是，他的思维能力却有限。塔索的笔迹大气、自由、流畅，在行笔过程中，有时会受到阻碍，使得字母的书写范围比笔者之前预想的要小得多。这表明他的思想强烈而认真，思想深度有时甚至超过他本身。我们所有人或许要铭记，性格的表现方式往往流露于本人并不知情的情况下，因此，透过解读它们，能够窥探人类性格中的隐蔽之处。

在乡村、海边和深山中，寻找隐退的住所的行为，说明人们已经开始渴望心灵归于宁静了。总的来说，这只是最普通人的行为，因为无论你想什么时候隐退，你都能做到。无论一个人的生活多么平静或者多么想摆脱烦恼，他的心灵往往是自己隐退的最佳归宿。特别是一个人内心有归隐的想法时，通过审视自己这些想法后，他就会立刻获得完全的宁静。因此，宁静是一个人思想的最佳状态。

——罗马皇帝马可·奥里利乌斯的《沉思录》

我们每一个人都是灵魂的雕刻家与画家，材料是自己的血肉与骨骼。高尚会立刻让人的容貌变得优雅，卑鄙或淫荡会使人变得残忍而堕落。

——梭罗

当一阵阵风暴、一个个浪潮向贝壳袭来时，只会让蕴含着珍珠的外壳变得更加坚硬：而生活中的暴风骤雨、波涛骇浪也会赋予人性更加坚强的力量。感情如同胜利后的轻装部队来来往往，信念却像前线的士兵那样泰然自若、坚定不移。

——里克特

思想的力量是多么的强大啊！当人们正确地运用思想时，又是多么伟大呀！性格源于思想，或者思想源于性格，特别的思想如同树上的花朵，向人类展示了树的种类。耶稣说："一个人心里觉得自己是什么样，他或她就是什么样。"

——罗利·沃尔特爵士

不朽的灵魂，将终生的热情与全部的力量浪费在劳心费力的无所事事中；置身于吵闹骚乱、狂喜销魂或惊恐焦虑之列。一切威胁或放纵就好似海面肆虐的狂风暴雨，使羽毛飘荡或让苍蝇淹没。

——扬

人的情感通常会支配大脑，强烈的情感必然指出错误的方向，即使最聪明的人，不久也会冲昏头脑、迷失方向。因此，智慧首先要当心情感陷阱。

——沃特兰德医生

谦虚犹如绘画中的阴影，能使绘画生动有力、效果醒目。

——拉布鲁克

　　行为、表情、话语、措施构成了人类性格的全部。每个人都在表明自己的价值，自己给出挑战自我的价格。无论一个人的地位如何，世上不存在轻视自己的人。人都是依照自己的意愿，变得伟大或渺小。

——席勒

　　在某种程度上，认为自己的生命不属于人类的人，没有把上帝给予他的一切献给人类，这个人根本谈不上伟大。

——菲利普斯·布鲁克斯

　　性格犹如发出美妙音乐的排钟，即使偶尔触动，也会再次发出甜美的乐声。一个人除了自己，再也找不到可以模仿的榜样，那么，这个人便很难有进一步的提高。

——戈德·史密斯

　　你不能梦想自己会拥有一种性格，必须经过磨炼造就自己的性格。

——弗拉德

　　一个人描绘自己的性格，不会比描绘别人的性格更加生动和形象。对每个人来说，最可贵的价值就是自己的思想。有些时候，一些偶然的想法也是具有其价值意义的。

　　大开眼界的人，至少会把自己的衣服洗干净。虽然，迄今为止，他一直疏忽大意，但是，一个人的整洁、得体的服饰，通常能够表明这个人办事仔细认真。全新的话题、全新的性情和对事物的全新看法，常常是一个人精神内涵的外在表现，表明他已经成为了一个新人。

基督教教导商人应该诚实，法官应该公正，仆人应该忠诚，学生应该勤奋，清洁工应该清洁，每一位工人应该将自己的工作做好。因此，良心是心灵之音，热情是身体之言。

——吉恩·雅克·卢梭

礼仪是影响人类的最有力的引擎之一。

——《星期日下午》

阿谀奉承是在我们的虚荣中流通的假币。

——拉罗什弗科

如果没有播下性格之种，怎能期望收获思想之果呢？拥有独立于他人意见之外的思想，并能顾及他人的情感的人，常常受到他人的尊重与爱戴。

智慧与善良

我愿聪明，我愿善良，因为所有人都应该做到这样。智者说："愚蠢是罪过，而罪过代表着死亡。"但是，命运拒绝我的这些要求，不是生命，也不是轻松的时光。在这个充满嘈杂和烦恼的世界里，你是得不到智慧的。无论你怎样渴望，智慧只有通过思考和祈祷，在独处中得到！智慧不会倾听我急促的喊叫，我没有空闲变得聪明！

不会飞翔的人怎么能聪明？对空虚的人而言，即便他们大声而徒劳地呼喊，上帝不会存在，只会存在利益。唉！但愿不是我。善良不需要空闲，这种黑暗的想法总是一次又一次地侵入到我的大脑。

友善是唯一的快乐。

——苏格拉底

如果通过诚实的努力，能让疲惫的人振作起来，鼓励犹豫的人接受正确的观点、清除所有的偏见、激起纯洁的欲望、树立崇高的目标，那么，我们的努力就没有白费。虽然我们的努力也许像掠过山峰的清风那样微弱，但是也会如晨风般帮助人们施行仁慈、发扬美德、做有用的人并履行朝圣的使命。

任何一个人，只要诚心努力做善事，那么，他能做到的事情要比自己想象的或知晓的事情要多得多。直到审判之日到来前，所有人内心的秘密将会大白于天下。

与其寂寞、自私地度过一生后举办盛大隆重的葬礼和修建大理石陵墓，不如有益、无私地度过一世后买一口廉价的棺材和举行简单朴素的葬礼。

对人们来说，做善事是人生的重大工作；对我们来说，使人们成为真正的基督徒，是我们对人们所能做到的最伟大的善行。

——J.W.亚历山大

如果一个人心中有爱，尽管他的语言很蹩脚，但是对听众来说，他的言辞都会娓娓动听。优雅地度过一生的最佳秘诀，是用心感受每一个人，无论他是富有还是贫穷，都需要得到别人的友善。拥有善意与行善同样伟大，我们不必不合时宜地索取回报，也不能知恩不报。

——塞内卡

在任何情况下，对任何人来说，慷慨、礼貌、仁慈、无私这些品质，犹如车辖之于滚动着的战车。

以德报德是人之礼仪；以恶报恶是恶毒的手段；以恶报德是可恨的忘恩负义；以德报恶是真正的宽容。

——苏莱特

好人最无畏！害怕做错事的人，只有一种畏惧；而不怕做错事的人，却有一千种畏惧。精明的好人寻求与他人的联系，而又通过这种联系所带来的影响，将自己与他人区别开来。

狡猾的人不是意志坚定的人，诚实的人才是意志坚定的人；心怀二意的人总是没有主见，崇尚信仰的人却坚如磐石；诚实是对世间万物的忠诚，这种诚实往往能受到神圣事物的激励。完成上帝赋予的使命是真正的智慧，忠实地履行职责并铭记高贵的思想是好人的使命。

——爱德华·欧文

力量和勇气

力量能让人完成厌烦单调的工作和枯燥乏味的琐事，并使人们在人生旅途的每一站都取得进步。与才能相比，力量能让人拥有更多的收获。

意志力可以定义为人类性格的中心力量，简言之，就是人类本身。真正的希望，建立在意志力的基础之上，而且赋予了人生真正的意义。没有哪种赐福能比得上拥有一颗坚强的心，这就是力量所在。

瑞典的查理九世就是一个笃信意志力的人，同时他也坚信年轻人拥有意志力。在执行一项艰巨的任务时，查理九世把手放在了小儿子的头上，大声说道："他会做到的！他会做到的！"没有勇敢的工作，就不能得到真正有价值的东西。懦弱和优柔寡断的人，因为事情表面上看起来不可能，就觉得一切事情都具有不可完成性。

《圣经》这样指导人们：无论你做什么，都要全身心地投入。因此，如果你想要获得成功，就一定要在脑海里呼吁成功。正是勇气、执着和不达目的不罢休的毅力，让士兵们赢得了战争，甚至在这股力量的作用下，赢得了每一场战争。

领先一颈，就会赢得赛马比赛，从而显示出英雄的本色；多行一段路，就会赢得战役；有勇气多坚持5分钟，就会攀至山顶。虽然你的力量不如别人强大，但你能坚持更长的时间并且全神贯注地投入的话，你会同对手一样强大，甚至会超过对手。当儿子抱怨自己的剑太短时，斯巴达父亲的回答是："再向前进一步。"

意志的力量

意志力，即意志的力量，使人下决心做任何事情或成为自己想成为的任何人。没有人愿意顺从、耐心、谦虚，除非他不想获得成功。

莱蒙奈斯对一个快乐的年轻人说："现在，你必须做出决定，如果晚一点决定的话，也许不得不在自己挖的坟墓中呻吟，连挪开石头的力量都没有。拥有意志力，便能够培养我们许多良好的习惯。现在，你督促自己，学会培养坚强的意志力吧，让漂浮不定的生活稳定下来，不要像枯萎的叶子随风到处漂泊。"

巴克斯顿认为，只要年轻人有坚定的决心并能持之以恒，就可以成为自己梦寐以求的那种人。巴克斯顿在给儿子的信中写道："现在，你正处于这样一个人生阶段，在这个人生阶段，必须选择向右还是向左。你必须表明自己的原则、决心和意志力，否则就会变得游手好闲，养成散漫无能的年轻人所拥有的习惯和性格。一旦你形成了这种习惯和性格，你就会发现很难再克服和改变。我相信年轻人会把自我塑造成令自己心仪的那种人，就我而言，事情的确如此。我的许多幸福和一生的成功，源于我在你这个年龄时所做出的自我改变。如果你横下一条心，力求精力充沛、勤劳肯干，那么，你会为自己曾做出明智的决定，并将其付诸行动而感到无比的高兴。"

如果一个人迷失了方向的话，意志只不过是固执己见罢了，却与坚定不移、不屈不挠毫无瓜葛。因为，在错误的道路上行走时，选择停下来就是进步。因此，无论一个人选择做什么，都要朝着正确的方向前进。如果坚强的意志纯属为了追求享乐，那么，它也许会成为魔鬼的化身，而智慧只不过是其卑微的奴隶罢了。但是，如果坚强的意志追求的是善行，它将成为上帝的使者，这个时候，智慧是掌管人生最大幸福的天神。

"有志者事竟成"，这是中国的一句古老而真实的俗语，它的意思是说，一个决心要做事情的人，只要下定决心就会克服困难，而且会取得成功。

自信有能力，就会有能力；决心想成功，往往就会取得成功。一个人能够认真地做出决定，就等于已经成为了自己的救世主。苏瓦罗性格的力量，源于其自身的意志力，正像大多数意志坚强的人那样，他把意志力比作一个系统，然后对失败的人说："你没有意志力的原因，只不过是你半心半意罢了。"

诸如黎塞留和拿破仑等人，会将"不可能"这个词从字典中删掉。"我不知道""我不能"和"不可能"这几个词，都是他们最讨厌的词语。他们会大声地喊道："去学习！去做！去尝试！"拿破仑的传记作家曾说过，拿破仑向人们展示了一个真实的例子，即才能通过积极的培养和锻炼，会收到很大的效果，而且，这种神话发生在每一个人身上。

迅速与果断

力量通常表现为反应迅速与行动果断。当非洲协会问旅行家莱迪亚德准备什么时候动身前往非洲时，莱迪亚德快速回答"明天早上"；布卢彻因反应迅速而在普鲁士全军中赢得了"前进元帅"的绰号；当约翰·杰维斯以及后来的圣·文森特伯爵被问及准备什么时候登船时，他们回答"马上"；当科林·坎贝尔爵士得到任命指挥印度军队，别人问他什么时候能动身时，他的回答是"明天"。快速的反应，预示了这些人后来的成功。正因为决定快、行动迅速，譬如迅速利用敌人的错误，才会赢得一场又一场的战争。

拿破仑说过："每失去一分钟，都会给不幸创造一次机会。"拿破仑还常谈到自己之所以能够打败奥地利军队，就是因为他们不懂得时间的宝贵。在奥地利军队还在磨蹭的时候，拿破仑就已经打翻了他们。在生活中，也有许多类似这样的情况，"犹豫不决者，将失掉一切"。因此，在回答问题和采取行动时，要努力做到迅速果断。优柔寡断曾毁掉了无数商人，在他们还在考虑、犹豫时，别人则采取了行动，捷足先登并占据了市场优势。果断的性格，就好比一个闪亮的金苹果，每个年轻人都应该在开始时，就将其从生命的树上摘下来。

富有与高雅

将富有与高雅混为一谈，简直犯了一个天大的错误。正如因为一个人贫穷，就以为这个人低下、粗俗，这样的谬论简直不可理喻。比如杰弗里斯勋爵，虽然他坐在英国最高法院上，但是他满嘴脏话、蛮横无理，简直就是个粗俗的人。再比如，大法官瑟洛能够坐到威尔士王子的桌边，却满嘴污言秽语，也是一个粗鲁的家伙。但是，詹姆斯·弗格森在放牧羊群时，眼睛遥望着大角星和昴宿星，惆怅的思绪在广袤的宇宙中徘徊，却在他身上找不到丝毫粗俗的痕迹；织工男孩儿亨利·克尔克怀特，虽然坐在织袜机跟前，却一点也不粗俗，还写出了《伯利恒之星》。

沉默的力量

在沉默中蕴含着巨大的力量，而且沉默通常是力量的表现。在我们周围，有许多人软弱得信口开河或闭不上自己的嘴巴，往往令人厌烦，甚至遭到别人唾弃。然而，一个能够控制自己并在话语上从不冒犯别人的人，才是一个完美无缺的人。能管住自己嘴巴的人，就能管住自己的整个性格，因此，沉默是一种力量，同时也是蕴含力量的象征。

懂得如何保持沉默的人，同时也懂得该怎样说话。通常，懂得沉默的人能够给别人留下深刻的印象。"闪光的沉默"绝不是一个毫无意义的词语。在生活当中，我们时常能够看到，一些认真的人只需默默地投过去一瞥，就能制止愚蠢之人的喋喋不休；我们也能看到，当下流的笑话或粗鄙的语言，得到了愤怒、沉默的回音时，脱口而出的嘴巴也会随之合上。

当一个人面对指责、指控、鄙视和嘲笑时，还能够保持冷静与沉默，那么，这个人就相当的了不起，或者说力量无穷。与吵闹相比，沉默会赢得更多的收获，就好比响尾蛇借用尾巴发出响声，却用头进行攻击。

谈吐得体

衡量一个人是否为谦谦君子或知书达理的女士抑或具有教养的孩子，常常通过他或她所表达的语言便能知晓一二。毫无疑问，那些语言恰当、话语纯净的人，最能赢得他人的欢迎和尊重。

作为教育界的专家，我们有义务倡导和培养年轻人文明用语。我们需要对人们在日常谈话中使用的语言进行合理的规范和引导。不纯净的语言如同猥亵的脸庞，也如同肮脏的手掌和沾满泥污的衣服一样惹人生厌。令人感到奇怪的是，即便对语法规则很熟悉的人，却常常不经意间说出随便、马虎的话。我们也会经常发现，那些熟谙语法规则、能够进行创作的人，也常常习惯性地说错话。

因此，一个人想要获得纯正的语言，就要提前培养，与文雅人交往、沟通，而且还要不断地自我修炼。倘若这个人不够幸运，无法接触到文雅人，那么，他就应该时刻注意自己的言谈是否符合体面的语言习惯。因为如果一个人说出的话十分蹩脚、粗俗，那么，这个人就离真正的粗俗、低贱就不远了。而且，不管这个人对自己的衣着进行了何种程度的包装，也终究掩饰不了其粗俗的语言习惯。

粗劣

如果有人发现自己举止不够文雅、言谈不够礼貌，就应该停下脚步，修炼自己的言谈举止。但是，许多人发现这一缺陷之后，总是掩饰、伪装自己，或者满不在乎，装出一副彬彬有礼的样子，但是其行为矫揉造作，明眼人通过一些细节就能觉察其粗劣的外在表现。举止粗鲁、忽视生活礼仪的人，往往让人感到其邋遢、大大咧咧，甚至拒绝与其交往；说话不文明的人，常常与粗俗捆绑在一起，也与其良好品行背道而驰，因为人们总是喜欢与绅士、淑女交往，而拒绝成为莽夫、村姑的朋友。

有时，粗劣与人品并不成正比，相反，有些表面上看起来粗俗的人，却有着良好的品行。但是，对一般人而言，或者在社交场合下，讲粗鲁的语言，对人没有好处。

每一个向往美好生活的人，都应该向往愉快和彬彬有礼。抛弃了温柔的性格和优雅的言谈举止，就等于扔掉了成长的手段和有效的武器。在礼节或任何其他方面，尝试用别人的标准衡量自己的人，通常会犯一些严重的错误。如果你在努力做着正确的事情，但是也许因为言谈举止过于粗俗，便会让人瞧不起，并且得不到任何好处。

粗俗鲁莽的人，常常为自己的粗俗开脱，并且他们也不愿意听到任何一个粗俗的人的指导和帮助。纯洁的思想、活泼开朗的性格、高雅的言谈举止和令人愉快的环境，都是获取快乐生活的最佳途径。然而，在生活中，我们也必须忍受他人的粗俗、肮脏和丑陋，因为人上一百、形形色色，就像树叶掉到地上，有正有反，不能要求每一片树叶都为正面或者都为反面。

思维敏捷的人

思维敏捷的人一般很机智，也很健谈。培根勋爵在200年前也说过类似的话。培根曾经说道："读书使人充实，讨论使人机智，笔记使人精确。"因此，最健谈的民族，往往是最有智慧、思想最为敏捷的民族。

我们认为兰姆和萨克雷是最为幽默的人，但是可怜的伊莱娅，虽然在谈论美好事物时无与伦比，却很少能反应敏捷。萨克雷说自己一般在上床睡觉时，会思考自己的言谈。因为萨克雷喜欢社交活动，但是自己不能作一次很好的餐后演说，也因此而妒忌狄更斯少见的演讲口才。然而，在萨克雷的一生中，也确实说过一些有趣的话。当萨克雷第一次来到美国时，人们知道萨克雷非常喜欢吃牡蛎，在为萨克雷举办的宴会上，当地人特意给萨克雷提供了一个特大个儿的牡蛎，并摆在萨克雷面前。当时，萨克雷看到这个牡蛎时，脸都吓白了，但萨克雷还是默默地吃了。后来主人问萨克雷感觉怎么样时，萨克雷答道："太感谢了，我感到自己好像吞下了一个婴儿。"

在所有有记录的例子当中，机智幽默的典型故事发生在喜剧演员富特身上。在当时，富特曾冒犯了一个有名的决斗者，此人发誓要找富特报仇，正酝酿着时机。后来，有人将这件事告诉了富特，富特便一直躲着这位决斗者。最后，富特在一家经常光顾的酒馆遇到了决斗者，富特立即意识到危险来临，却已经为时太晚。当此之时，在决斗者尚未举起拳头之时，富特便尽其所能地取悦这位决斗者，让其松懈复仇的欲望。

在狭小的通道里，富特看着决斗者充满杀气的眼神，硬是逼着自己讲了一个又一个故事，将满屋里的人都逗笑了，决斗者绷紧的脸上也渐露浅笑，然而杀气未消。于是，富特逼迫自己将一个又一个故事进行到底，并且模仿故事中的不同人物的语言、神态和动作，将模仿的天赋发挥得淋漓尽致，正在周围的人捧腹大笑的时候，没想到决斗者收紧浅笑的面容，变得横眉冷对起来。

原来，富特在模仿故事中的人物时，竟然模仿了决斗者充满杀气的模样，惹得决斗者将口袋里的纸牌掏了出来，做出一副意欲挑战的凶样。然而，富特并没有被决斗者突然变化的神态和动作所吓倒，而是尽可能地模仿决斗者向对手挥拳相向的神态。这时，冲了过来的决斗者却拉起富特的胳膊，放在自己的胸口，说道："富特先生，我真的不得不佩服您，您模仿的人物简直惟妙惟肖，包括模仿我的模样。现在，我只想知道，您能否模仿自己脱身的模样。"听到这句话后，富特当即将胳膊从决斗者手上挣脱，趁机逃跑。

正是这份机智幽默，富特才从报复者手里捡回了一条命。

在一般情况下，思维敏捷的人总是显得行动迅速与足智多谋，这一点常常与其身体的本能反应步调一致。拿破仑曾经说过："在凌晨两点钟能够坚持起床的人，往往具有非常大的勇气，而且，没有哪一种品质能够同这种勇气媲美。"那种突然改变意见和更改整个作战计划的魄力，恰恰是现代所有最伟大的战略家们羡慕的品质，而拿破仑本人就拥有这种优秀的品质。拿破仑对嘲笑自己不是出身名门的贵族说："我的祖先常常反应机敏、行动迅速，这种人不可能不知所措或不知所云，但是拥有这种智慧的人很少掌控权力。这种智慧无疑如流星般短暂，它的辉煌恰恰源于随之而来的黑暗。"因此，行动迅速的民族，常常也是没有目的、毫不保留力量的民族。

实时性笑话

我们不得不承认，有些事情简直超乎我们的想象，晋升居然能够与实时性笑话联系在一起。担心读者不相信，我便在《纽约时报》摘录几个有趣的故事，以飨读者——

在朱诺特元帅还是一位年轻的陆军中尉时，由于他的冷静观察，引起了一位总司令的注意。当时，朱诺特正根据总司令的口述写着一份急件，突然，一枚奥地利炸弹爆炸了，扬起的尘土撒在了朱诺特正在书写的公文上，没想到朱诺特镇定地笑着说："奥地利人真是好心，他们替我们发了公文。"

在英国海军的档案馆里，一直珍藏着这样一个故事。在克拉伦斯公爵时，有一天，他来到位于茅斯的英国第七十四军基地视察。在向导的安排下，克拉伦斯公爵来到了一位只有一只眼的满身伤痕的老兵面前，这位老兵因为在宫廷里"没有朋友"，尽管服役多年，也没有获得提拔。

当时，老兵向这位皇家视察者脱帽致敬，克拉伦斯公爵看到了老兵头上的秃顶，开玩笑地说："看得出来，我的朋友，你为了报效国家，真是不遗余'发'呀！"老兵答道："是呀，殿下，太多的年轻人曾踩着我的头顶往上爬，于是，也难怪我没有头发了。"

公爵听了这个专业的笑话后，突然笑开了怀，同时也记下了这位老兵的名字。几天之后，这位老兵被晋升为上尉。

沉稳冷静者易成功

沉稳冷静者会得到提升和受人尊重，而生活放荡者与制造混乱者一样，必将在历史的车轮下不停地失败甚至不复存在。正因为这个原因，在许多地方，人们对虔诚的人总是充满好感；在工厂里，老板更愿意聘用友善且便于管理的员工。因为员工不诚实正直，公司就不能长久；如果所聘的员工都是无赖，老板就不可能永久富有。

因此，在执行所有大型延期的任务中，坚持原则者无疑最终会受到他人的青睐，熟悉行情和保持性格的人，不但会保住自己的位置，而且有朝一日会成为公司的合伙人。在老板眼中，如果你不对其撒谎，他就会认为你既不会浪费他的材料，也不会偷窃他的财产。如果在萧条时期，你不是个阿谀奉承者，那么在最繁荣的时期，你也不会是一个鲁莽无礼的人。同时，如果你除了拥有坚持原则的品质，还具有沉稳冷静、干大事的能力，那么，你就会在众多的雇员中脱颖而出，最终赢得上司的好感与信任。

与疾病做斗争的勇气

伦敦《柳叶刀》杂志为病人提供了一个非常好的建议，即当人在勇气的帮助和影响下，便有胆识获得一些现代理念；当人在遇到困难时，若能将日常生活中的英雄主义与自己联系到一块，不仅能克服那些似乎无法逾越的障碍，而且还能抵御并战胜令人厌倦的气候、不利的环境乃至疾病。

在临床病例中，许多患者因为有足够的精神和勇气，才拯救了他们自己。一个人在生病的过程中，学会自救至关重要，因为它不仅能够帮助患者忍受手术的痛苦和病房中的悲惨生活，而且也能够帮助患者战胜单调乏味的生活和琐碎的生活义务。虽然疾病的体征仍然存在，但是，有多少得了不治之症的人耐心而又坚决地抱着一线希望，坚持忍受着多年的痛苦，甚至走过绝望，直到威胁生命的疾病变得不再致命，而且对身体不再具有破坏性。

"好心情"的力量，对病人和身体虚弱的人来说，显得非常重要。对病人来说，"好心情"也许意味着生存的能力；对身体虚弱的人来说，尽管身上已经染了疾病，但是，"好心情"意味着长寿或生存的可能性。因此，在条件允许的情况下，培养最坚强的思维方式便显得尤为重要。拥有精神活动的力量，对调整身体功能极为有利，因为精神的作用能影响身体系统，快乐的心情不仅可以减轻痛苦，而且可以增加身体的活力。

许多身体健康人，由于旅途疲劳和对身体的长期焦虑而耗尽了力量，或因为心胸狭窄而郁郁寡欢，结果染上了疾病。实践证明，大多数伤心而焦虑的人，以这种方式脱离了悲惨的生活。倘若他们抱有更多希望的话，也许会活得更长久一些。因此，想劝一个人思想放松，总是显得徒劳费力，但是完全可以提倡大家理解"好心情"的重要性，培养他们自觉或不自觉地产生某种"好心情"，驱除心中的阴郁，保持健康的体魄。

怎样读书

年轻人怎样读书才最有益处呢？我对此的回答，便是提倡年轻人阅读自己感兴趣的书籍。年轻人所选的书籍，应该具有一定的学科知识，并在这个学科范围内仔细、认真地阅读。一旦年轻人做出选择，而且坚信自己的选择正确无疑，那么，其他与读书无关的活动就会搁置或者进行调整。

年轻人不需要非常明确规则，也不必刻意严格地按照已经制定的规则实施。年轻人博览群书，并以各种方式调整自己的生活，主要就是为了满足生活的主要兴趣。兴趣能够使一个人获得最为广泛的信息，然而智慧又会赋予其周围杂乱的事物更多生活的意义。因此，年轻人在读书的时候不能囫囵吞枣，而要尽可能地消化，并结合周围的环境对自己的人生观、世界观进行针对性的塑造。

千万不要认为做出这样的选择是一件多么容易的事情，相反，许多年轻人根本不会读书。选择怎样读书，关键是自己要意识到读书的好处，并在此基础上提高自己的智育。为了掌握某一特别的学科，年轻人要学习并钻研该学科或者该学科的其他分支，因为只有这样才能获得真知灼见。在阅读书籍上，年轻人如果对某一感兴趣的学科倾注了许多精力，并且不是泛泛阅读、浅尝辄止，而是精读细读，那么，他就会拥有无穷的洞察力，甚至在这个学科里具有发言权。

读什么书

睿智的哲学家培根说过："书有可浅尝者，有可吞食者，少数则须咀嚼消化。"

在培根勋爵所处的时代，他尚能做到如此读书，那么，在我们这个时代，各种各样的书琳琅满目、鱼龙混杂，就更应该按照培根读书的方式严格要求自己。

事实上，正如人们所说的那样，任何人都不可能赶上各个学科的知识飞快积累的速度。当人们走进一个巨大的图书馆，看到紧密排列的书架上，许多八开本的书摆在四开本的书上；十二开本的书摆在八开本和四开本的书上，就会感到压抑，因为，即便他们想要每时每刻都坚持看书，也不会接触这所有的知识。

如果一个人试图掌握全部的知识，那么，我可以负责任地告诉他，拥有这种想法简直是愚蠢无知；坚持这样做的人，最终也会白白地浪费自己的生命。参观大图书馆自然不会激发一个人的文学志向，那些著名人物的名字只不过是散落在无数无名之辈当中的点点星星，而且，随着社会的演进，越来越多的著名之士也将同样淹没在浩瀚的书海里。

麦考利勋爵曾经特别说过："杰出的士兵和优秀的外交官，都曾受到当代欧洲一流的将军和政治家的信任。"麦考利勋爵承认自己的成功主要归功于年轻时住在图书馆附近，能够通过阅读与将军、政治家保持"联系"。我曾就成功的话题咨询过麦考利勋爵，他告诉我："在我年轻的时候，我还在印度服役，那个时候是我人生的转折期。然而，我在当时，还是一个喜欢玩纸牌、抽保冈烟的游手好闲的人。但是十分幸运的是，我在一个非常棒的图书馆附近住了两年，于是我能够非常方便地阅读到自己想要读的书。"

在人生的特定阶段，书对人的影响是难以估量的。书中灌输的原则，书中给出的教训，书中描述的理想生活和人物，都能深深地植根于年轻人的思想和想象中。这些书，用一种若干年后难以想象的力量控制着阅读者。当阅读者躁动的官能使自己做出暴乱的愚蠢行为、沉湎于自我放纵时，如果阅读者读过一些讲述真理和诚挚的书籍后，就会经常获得一种正确的力量，使其对愚蠢的认识发生改变，从而获得追求安全、幸福和荣誉的冲动。

对于书的选择，也许应该取决于个人的品位和判断力。我将书籍分为了四类，但是仅仅是我个人的意见，因为1000个人有1000个分类方法。

1. 哲学书和神学书；

2. 历史书；

3. 科学书；

4. 诗集和小说。

在力量的鼎盛时期，年轻人会很自然地检验和讨论那些与自己身心、快乐有关的最重要的话题。年轻人因为缺乏经验，便总是喜欢乐观并大胆地推测那些令老哲学家们望而却步的问题，也许推测得出的结果一文不值，但是这种推测倘若没有完全受到误导的话，会是年轻人一次次最珍贵的训练。当年轻人经历过失败后，他们的智力会得到提高，会变得更加充满活力和灵活。

洛克在关于"人的理解力"的伟大著作中写道：每一个喜欢思索的年轻人都应该学习，应该掌握关于"理解行为"的论述，并且把这种论述完全变成自己的东西，完全理解其意思。如果慢慢融入其中的话，年轻人会发现这是一种令人精神焕发、有益健康的智力训练。

专业的神职人员以掌握神学文学知识为职责，而且只有在少数情况下，其他人才能掌握神学文学知识。但是，每一个有思想的人都应该了解一些神学知识，有的年轻人在不可抗拒的冲动下，通过阅读神学作家的作品，往往能够探索自己的主要知识领域。

我可以非常自信地向年轻人推荐三位伟大的神学作家，他们每个人都曾标志着过去英国神学一个世纪的发展。这三位作家分别是巴特勒、雷顿和胡克。巴特勒是一位神学辩论大师，逻辑性强、头脑冷静、目的全面。雷顿则像帕斯卡一样，是个宗教沉思的天才，为人深沉，喜欢反省自己，感情敏感细腻，是基督徒沉思者的楷模。雷顿在新奇有趣而又崇高的想象中，进行虚无缥缈的漫游时，从未忘记履行最实际的职责。胡克则是一个能超越神学范围的思想家，他常常越过基督徒思索的范围，在自己的思想国度里，带着勇敢的翅膀上升至神的支配高度，然而，他却对君主表现着最温柔的尊重。在英国历史上，还有许多其他的伟大作家，也创作了神学文学作品，但都没有这三个人伟大。

在这里，我想对每一个有追求的年轻人说："年轻人都应该读一读《圣经》。"每一个年轻人，不要奢望能够轻松理解《圣经》所包含的全部内容，不要满足于时常读一个章节，要把阅读《圣经》当作一种义务，而不是一种生活的兴趣和教育。没有哪种阅读会像读《圣经》那样有趣，当然，也没有哪种阅读会像《圣经》这样能够产生高等的教育。在研读《圣经》的过程中，年轻人不仅会获得《圣经》中无处不在的基督徒的智慧和理智，而且通过阅读，会使自己的品位、想象力和理性得到高度的锻炼和享受。《圣经》中的诗歌是其他所有诗歌都无与伦比的，正如弥尔顿所说的那样，《圣经》中的诗歌，不但拥有绝妙的论辩，而且包含着高超的"构思艺术"。《圣经》中描述的是简单而生动的生活，其中各种优秀的文章闪烁着智慧的光芒。最重要的是，上帝在《圣经》中说的那些具有启发性的话语，是一切精神真理与精神阐释的源泉。因此，无论你读什么书，千万不要忘了读一读《圣经》，让《圣经》成为"你的顾问、你的向导、你的指路明灯"。

上帝的法则充满了完美，阅读上帝的话，能够帮助我们皈依灵魂；上帝的证明是确凿无疑的，能让阅读者的智慧变得单纯；上帝的法令是正确的，能让阅读者内心充满欣喜；上帝的戒条是纯正的，能擦亮阅读者的眼睛。谨遵上帝之言，能够让年轻人得到心灵的净化。

在我们所处的这个时代中，能够阅读许多伟大的历史著作，这些作品有一些非常受人喜欢，或者有的家喻户晓，因此我就不做推荐了。在我们所处的这个时代，麦考利的文章非常精彩，而且陆续与读者见面，也因此吸引了年轻人和老年人。哈莱姆、瑟尔沃尔和格罗特、米尔曼、普雷斯科特、弗鲁德和莫特利的作品，向学生们展示了自己在研究领域的天赋。读者通过对这些历史领域中的任何一个领域进行认真的研究，其本身就是一种受教育的过程。对于年轻人来说，没有哪种思想工作能比阅读更具有价值了。

在整体上，阅读名著并不是一件容易的事，因为事实上人们发现这些书没有得到应有的阅读和完全的研究。年轻人常常不能付出更大的努力，或者不能付出努力使自己的精神生活得到更为深远的影响。当我们研究许多经典作品时，我们会发现，克拉伦登勋爵的形象描述和吉本的精彩戏剧，常常能够标志着他们成长的一个时代。同时，通过阅读经典作品，我们常常能够记起《罗马帝国的衰落与瓦解》（吉本）的内容，提高了自己的精神认识，在脑海中产生了不可磨灭的印象。

阅读作品与研究作品，并不是人们要完成的事情，也不是人们最终追求的目标，而是要尽可能地消化一些经典作品。比如，通过阅读作品，我们应该彻底地掌握其主题，对所阅读的作品自由地做出判断。如果读过之后，只是重复某位历史学家的观点，或者接受他的偏见，便会产生一种糟糕的甚至有害的结果。阅读作品，读者必须在读后能够理解作品的主题，假如作者真的是一位伟大的历史学家的话，会让读者在某种程度上拥有独立于作者本身的观点。在使用这些伟大历史学家的文章时，读者必须快速浏览这些文章并努力了解全部的事实。同时，读者要特别理解事件的目的，要积极同情并明智地感知周围发生的事情，感知那些发生在自己眼皮底下和生活中的事情，渗透历史向来生动形象的文字背后，理解重大事件及人物、社会礼仪、法律、机构、政府的模式，还要理解处于不同阶级和关系中的人的状况、家庭生活的内部情况、饮食、工业及娱乐。

最近，历史学家们才认识到处理一些这样的事情显得非常必要，但是人们越来越清楚正是这样的事情，而不仅仅是战役或皇家事务，构成了历史的主要部分。一切能揭示过去、把过去变成可以理解的事实，都将成为历史的题材。还有，历史最主要的用途，是让人们用过去的经验指引和影响未来的生活。

在所有的书籍当中，大众科学的知识在各门学科知识中取得的进步最为显著。约翰·赫歇尔勋爵、大卫·布鲁斯特勋爵、刘易斯先生、汉特先生等，都曾写过科学方面的文章，也因此吸引了千千万万的读者。在这些著名作家的作品中，许多想从事研究的学生得到了最为朴实与高尚的指导。休·米勒关于地质学的著作、刘易斯先生的《海边研究》、约翰斯顿教授的"日常生活中的化学"、法拉第先生的"对年轻人的讲话"，都无一例外地表明了在科学研究领域中有太多有意义的书可以供读者利用。

在研究作品时，读者的目的不要仅仅局限于积累事实，也不要仅仅局限在头脑中储存详细的资料，而是要借用作者先进的思想逐步掌握学科与生活的真理。因为发觉自己做不到这一点，才支撑着许多人孜孜不倦地追求科学。

年轻人的研究，归因于诗人般的热情激励。带着这种热情研究自然科学，读者会在探索自然秘密的同时，学会欣赏美和崇尚和谐。随着人们对科学事实的日益了解，自然会做到这一点，即对自然研究得越多，就越会充满诗意。

诗集和小说是我向读者解释的最后一类书籍，在许多方面，它们也发挥着非常重要的作用。

在审视当代诗歌和小说给读者带来精神上的影响时，最值得称赞的是它们大大地增强了人们的同情心。过去的文学作品常常欠缺这一点，因为过去的文学作品对人们的遭遇和过错，缺乏应有的亲切或诚挚的同情。过去作品的表述生硬而造作，常常为虚构中的悲伤而哭泣，为令人感伤的胜利而欣喜。相比之下，我们这个时代的诗歌和小说却关注百姓的悲伤和欢乐。狄更斯、金斯利、马洛克小姐、加斯科尔夫人、奥利分特夫人和乔治·艾略特，这些人的作品往往具有现实意义。他们对人类悲惨的遭遇表达着深切的同情，渴望人类进步的崇高志向使得他们的作品充满活力。阅读这些人的小说，会触动和唤起读者强烈的道德共鸣。阅读坦尼森先生、勃朗宁夫人和其他诗人的诗歌时，读者也往往能获得同感。他们的诗歌特点主要具有热烈的博爱精神、渴望改正世俗的错误和"古老形式的党派之争"，对读者追求和了解人类最高使命和意义有了最为深刻的诠释。

> 更温柔的方式，
> 更纯净的法律，
> 更宽广的胸怀，
> 更亲切的帮助。

喜爱并研究诸如以上诗歌的年轻人，在某种程度上，会对人类的利益和进步产生浓厚的兴趣。

当然，读者常常会选择阅读一些当时最为流行和有趣的书籍。我向年轻的朋友们推荐一个作家，希望读者研究他的《议会中的朋友》

《写于公务间隙的论文集》和《我孤独中的伴侣》等作品。这些书因为其文学完美性、友好认真的态度和深思的民族精神而充满了魅力。

我们应该进一步劝年轻人超越自己的年龄范畴，研究一些文学作品。年轻人一定或将会为了获得人生的真谛，而阅读一些诗歌和小说。为了从阅读中吸取足够多的文化知识，年轻人必须潜心地做出更多的研究。诸如华兹华斯、考珀、德莱顿、弥尔顿、莎士比亚及斯宾塞等伟大作家的名字，常常代表着英国一个阶段的高水平诗歌。彻底研究这些诗人的主要作品，特别是华兹华斯、弥尔顿、莎士比亚或斯宾塞的作品，常常会使人受益匪浅。年轻人利用闲暇时间研究《远足》《失去的天堂》《美丽的女王》，或莎士比亚、斯宾塞的更高层次的戏剧，常常作为一种修习知识学科中的重要课程。如果读者想要充分自由地了解文学的快乐和魅力，就要经常求助于文学的伟大光芒，在文学天赋光辉的照耀下，激发自己的文学魅力和著名作家的热爱。

总之，摆在每个爱书并想通过学习来提高自己的年轻人面前的研究领域，不仅显得浩瀚无穷，而且也显得任重而道远。在阅读中，倘若我们不是通过品味不同的人寻求不同的领域，而是片面地将其他领域抛掷在一边的话，即便我们能够在一个领域获得广泛和种类繁多的知识，但是对于浩瀚的书海来说，对于各行各业巨大的知识宝库来说，我们都显得狭隘或者做不到面面俱到。

无论你选择哪个部分，都要全力研究。如果你喜欢历史、科学和纯文学，你就不能仅仅将其视作消遣，而应该利用它来开发智力和改善生活。无论你读什么书，都要充满热情，不但要宽宏大量，而且要带着同情和批判的眼光看待作品。阅读作品，就要将作品里面有益的知识和生活方法，转化成自己的思想和行为准则，将学到的东西真正地运用到自己的思想体系和社会生活当中，才能叫"开卷有益"。

对阅读的东西感兴趣，是一切改善思想的前提条件。人的思想只有在非常清醒的情况下，才能得到扩展和加强。如果能够做到全神贯注地阅读，保持头脑清醒活跃，渴望追求知识的话，无论你读的是历史、科学、神学，还是小说和诗歌，都将得到一种智力的训练，都会增加自己的认知和智慧。

怎样娱乐

健康快乐的生活，离不开适度的娱乐。在某种意义上来说，生活不可能承担着一成不变的重大工作压力，如果逃离不了，就会失去活力和变得体质虚弱。禁欲主义也许将生活看作是为了某种严肃的目的而不停地尽义务和工作，但是，禁欲主义不但没有创造出世界上最好的作品和最为高尚的生活，反而使得道德倒退，变得软弱无力和贫瘠。

人性，作为健康的首要条件，必须学会自娱自乐。当人们摆脱工作的负担时，必须有时间进行一些无意识的玩耍，在自由的活动中感受到生活的快乐。

年轻人尤其要珍惜消遣的机会，渴望并时刻注意捕捉这样的机会。如果年轻人得不到这样的机会，他们的力量就会削弱，并会追求非法有害的刺激以求得到满足。不喜欢娱乐的年轻人是不正常的，只提供学习不提供娱乐的教育，由于具有排斥性和片面性，从而也不会在历史的演进下得到永久的存在。

娱乐从来没有真正意义上被摆到首要位置，而总是居于次要位置。娱乐排在义务之后，从来没有排在义务的前面，当主要问题得到了恰当的解决，次要的问题就容易解决了。先工作后玩耍，被视作理所当然的道德准则。在生活中，如果存在正确原则的话，我们很少会寻找娱乐，也很少能够享受娱乐带来的好处。其实，娱乐本身是一种权利和祝福，而不是陷阱。

对年轻人来说，理解娱乐的本真便显得十分重要。对他们来说，生活是开放的，娱乐是自由的。只要年轻人能够感受上帝与自己同在，而且能够通过娱乐感受到自己生命的责任感，即健康的重要性；只要年轻人没有忘记上帝赋予自己做事具有主见的原则，他们就有权利和自由享受生活。在此条件下，年轻人完全可以尽情地体验机会赋予的欢乐。

除了娱乐，向年轻人灌输其他任何东西，就其本身而言，既不真实，也没有好处。教导年轻人惧怕快乐，就是让年轻人怀疑正常的健康本能，并且随着这种本能的保留，以及力量的不断加强，就等于引导年轻人走向有害的环境。年轻人常常受到本能的驱使，却又受到了权威的遏制。一旦对年轻人的外部遏制瓦解，就会使得年轻人陷入黑暗之中，失去方向。强行地让年轻人放弃娱乐，是一种错误和残忍的行为。因为，人的本性需求里就有娱乐的存在和价值意义，我们完全可以提倡年轻人通过明智的训练将娱乐控制在一定的范围之内，使得他们的精神品质得到提高，而不需要对其加以错误的引导和外部的控制。

禁欲是软弱道德品质的避难所，依附在这样的环境下，一个人的坚强品质也会发生质变。在禁欲的掩护下，高贵的品质时常因不堪重负而倒下。在绝望与愚蠢的深渊中，一个人会陷得越来越深，我们只要研究一下帕斯卡的禁欲生活，就会明白这些道理。据说，帕斯卡不允许自己知道食物的味道，禁止在食物中放任何作料和香料，不管自己多么想吃、多么需要这些调料，就是不肯改变自己的禁欲，以致这种强迫性带来了生理疾病。在当时，无论帕斯卡的胃口有多好，也无论帕斯卡多么的没有胃口，他每顿总是只吃一定量的食物，既不多吃，也不少吃。帕斯卡佩戴着一个带铁钉的腰带，经常将其戴在瘦骨嶙峋的肋骨上。如果帕斯卡听到了某个人碰巧看到一个美女，他就会生气和不舒服。帕斯卡指责一位母亲让她的孩子们吻她，他认为这是一种反伦理道德的行为。正如帕斯卡所承认的那样，对于一心一意让帕斯卡生活得舒服的亲姐姐，帕斯卡常常装出生硬的态度，表明两者的关紧仅仅局限于姐弟之情。

快乐常常与宗教互相矛盾，这是被历史无数次证明了的简单的道理。然而，一旦人们承认这个原则，那么，悲惨、不幸的生活就会变得毫无止境。摆脱了对本能的依赖，思想就会受到某种盲目的权威和教条主义的控制，受到专横的虐待，常常变得微弱无力。有时，因为人们得不到道德的支持，具有忍耐力的品质不得不产生变质。

毫无疑问，"尽情欢乐"是每一个基督教徒的冲动，也应该是每一个年轻的基督教徒的冲动。一方面，基督徒时常听到一个声音对自己说："噢，年轻人，为你的青春而高兴吧，让你的心在年轻的日子里，欢呼幸福，行走在你的心灵中，行走在你的视野里。"另一方面，基督徒不会忘记另外一种声音："但是你知道，上帝让你对所有这些事情做出判断。"实际上，这两种声音是一个声音。如果这位基督徒足够聪明的话，就会意识到这两种声音是完全统一的，会让自己在快乐中保持清醒，用责任感缓和快乐。

在人的心目中，有种东西暗示着某种特殊的意义。在欢乐的时候，人们会被另外一种声音告诫。欢乐是机体所需，是健康良好的精神状态的自然流露，就像飞起的云雀尽情享受迎接清晨的朝露一样，纵身跳起、迎接机会。在各种情况下，自然运动都具有相同的规律，然而在人的本能背后，却存在着道德意识，因而，人的本能总会被投上责任和思想的影子。

人类体质本身会抑制所有不合适的兴奋，这种控制有时可能不起任何作用，但是，摆脱它们要以牺牲体质和享乐为代价。这种享乐的能力，常常由于过度使用而被浪费。对于这一点，年轻人是确信无疑的。如果年轻时无忧无虑地尽情欢乐，那么到成年或老年时，就没有多少能力享乐了。如果在鼎盛时期让热情的火焰尽情地燃烧、尽情地寻求刺激，那么等到成年时，只会变得疲惫无力。人不能既消耗力量又拥有力量，不能在饮尽快乐源泉的同时，还会感到乐此不疲，也不会同当初一样感到新鲜。

在我们这个时代，需要特别引起注意的是，一些人在年轻时尽情享乐，却对年老的身体状况毫不担忧，如果长此以往，身体便会出现各种各样的问题。与过去相比，相对自由的现代生活，使年轻人更早地走进了社会,更早地采取了成人的生活方式,学会了成人的生活习惯。快乐变得更廉价,也更容易得到。比如旅游和其他快乐,年轻人在得到财产之前就已经开始享受这一切了。在他们年轻的时候,父亲们还没有完全融入社会呢,而他们已经厌倦了这个社会,现在这些现象已经屡见不鲜。

避免过度享乐是快乐的本源,也是金科玉律。对于年轻人来说,要做到这一点也许很困难。甚至在一些情况下,年轻人会毫不在乎、不屑一顾。丰富多彩的生活有一种溢出的趋势,那就是当年轻人异常激动兴奋时,会将节制抛弃脑后。

也许,每个人都能回忆起在学校或大学时,同伴们争先恐后地寻求快乐,在那个时候,快乐的动力似乎超出了所有的界限,直至狂欢的兴奋状态。当回忆起这些美好时光时,会有一种莫名的感觉,然而,如果审视这段记忆的话,就会发现在当时的快乐中存在许多缺陷,存在某种潜在的不满足和疲倦,那种狂欢的快乐源自某种更糟糕的东西。伟大的幽默家托马斯·胡德曾说过:"即使最大的快乐,也会以厌倦告终。"

确实,最持久、最大的快乐是平静的快乐。获得快乐的真正本质,并非来自极度的兴奋,而是源于健康和快乐的自然与适度流露。年轻人要明白这一真理,莫让快乐的希望值大过身体本能接受的极限值,变得冷静和享受快乐本身,而不是刻意地追求更多的消化不了的快乐。

从事什么娱乐

年轻人必须进行娱乐活动。年轻人的娱乐生活一定要健康，只有与健康相结合的娱乐生活才值得提倡。当然，娱乐是自由的，但也要适度。童年时期所从事的体育活动都很活跃，对我们的成长有很大的帮助，应该尽可能进行到成年早期，这样有助于我们保持良好的身心健康。只要工作或学习允许，只要有机会，就应该尽情地从事体育运动或比赛。因为这样的运动或比赛能将年轻人带到露天场地，能强健他们的肌肉、增强他们的体质，并能增进他们彼此之间的友谊。

年轻人有机会去射击或钓鱼，同样，他们也可以自由地从事另外一种娱乐活动。

除了各种室外娱乐活动，还有一些室内娱乐活动也值得我们注意。对年轻人来说，寻找室内娱乐活动会更困难一些。因为在他们心目中，健康和快乐的锻炼是同他们所从事的娱乐活动联系在一起的，并且还必须是他们认为合理的娱乐活动。然而，只有在露天场地进行的锻炼，才符合这样的要求。但是，这并不意味着不应该寻找室内娱乐活动，当天气不好或者大自然的条件不允许的时候，有必要寻找室内娱乐活动。音乐就是这种娱乐活动的主要方式之一，也是最纯洁、最陶冶情操的形式之一。

对那些有音乐天赋或音乐鉴赏力的人而言，音乐是最优雅的。简单地将娱乐活动与音乐联系在一起也许是不太正确的。当细心体味、仔细欣赏音乐时，它就不只是一种娱乐了。

如果将音乐作为最合适的娱乐活动，其他任何娱乐方式都不及它。音乐是纯智力型的，而其他娱乐活动或游戏不仅能锻炼智力，还能提高人深思熟虑的能力、决定力以及快速反应能力。与之不同的是，音乐具有更深层次的意义，它在靠近精神和道德情感的地方吸引人的灵魂，使人的灵魂从当前有形的世界升华到未来无形的世界。庄重神圣的唱颂能使人的灵魂得到升华，轻松愉快的乐曲同样能达到这个效果。年轻时，我们听过的简单而轻快活泼的歌曲、使我们思念家乡和祖国的歌曲以及一些含义不深但异常动听的旋律片段，都会将我们的灵魂带入一个更高的境地，并使人感到与不朽者之间的密切联系。

"噢，快乐！在我们的余烬里，某事还存在；然而天性不忘，究竟是什么使事情如此易变？"我们一定要尽力培养这种珍贵的快乐，它可以帮助我们达到更高的境界，这样的快乐值得我们尽情地追求。因此，我们应该热衷于参加音乐会、宗教剧以及戏剧。

如此看来，痴迷任何桌球、扑克或其他类似的活动都很危险，并且在你意识到其危险性之前，就已经证明了它是一种致命的爱好。无论这种爱好是什么时候开始的，都超过了娱乐的界限。如果仅仅以娱乐为目的，而痴迷于任何一种游戏，这都会立马成为最糟糕的迷恋或诱惑。

在思想表现形式方面，戏剧是最自然的。因此，它也是最有效、最高尚的文学艺术表达方式。看过莎士比亚的精彩创作之后，我们无不从中得到启发，而变得更加聪明伶俐。除此之外，年轻人还能在什么样的作品中找到崇高的思想、高尚而英勇的情感，以及温柔而优雅的美德呢？舞台真正的含义是一所学校，教会人们礼仪和道德，这里所有美的东西都应该得到赞美，所有低级丑陋的东西都应该蒙受耻辱。当然，按照戏剧的深意分析，没有哪种娱乐能比戏剧更能说明自己的内涵。

你们的节日聚会是多么的轻松和友好啊！人们相处得多么和谐和融洽啊！聚会发出了多少智慧的火焰、引发了多少激烈的辩论、迸发出了多么灿烂的火花啊！这些火花我们永远不会忘记，会在轻松愉快的时候想起它，让逝去的辉煌在片刻间迸发出耀眼的火花，照亮过去。无比深厚的友谊之情照亮了聚会，让它显得异常美丽！然而，这种快乐与危险又是多么相似啊！或许，欢乐会变得放纵，嗜好会变成狂欢作乐。对年轻人而言，克制自己是件不容易的事。因为，一旦超过了节制的界限，所有的娱乐都会停止，所有的快乐都会消失，娱乐也会因此变得毫无意义。

爱德华·欧文说：“欢笑、歌声、舞蹈、盛宴、美酒以及节日的喜悦气氛，所有这些只适合于那些在节日期间满怀喜悦的人，为了能尽情享受这些美好的事物，应该耐心等待节日的到来。但是，认为的、假装的兴奋则是粗暴地改变了自身的本性规律和状态，强迫自己接受自身不愿接受的事物。如果没有必要作乐，也不合时宜，此时进行的娱乐就是勉为其难、掩饰人的本性、滥用上帝的法令。此时的欢笑也是虚假的，只能将内心极力隐藏的忧郁暴露无遗。这样做将会耗尽并驱散欢乐，以至于欢乐真正来临时，我们内心竟丝毫没有察觉，只剩恶意的注视。这不是打比方，而是事实，那些夜复一夜沉浸在人为制造的欢乐中的人们，无法体会到天然的快乐，只会感到忧郁、闷闷不乐，只有餐桌上的狂欢和酒吧里的灯光才能将他们再次唤醒。当天性被人为地击败，希望之火被浇灭，生活跳动的脉搏就会加快，短短几年就会耗尽人的力量，最终导致人在壮年而心已老去。这些不合理、不加节制的作乐彻底摧毁了一个人，不仅毁掉了他的精神，还毁掉了他的身体。"

因此，所有的娱乐都应该有所节制。只有从内心深处遵守那些引导和规范你的娱乐规则，你的娱乐生活才是健康的。当我们真心地爱上帝、相信耶稣时，困难就会消失，个人的消遣也会很自然地适合自己的生活，随之，你的内心生活也会融入到周围环境中，并给你的工作和娱乐带去美好而神圣的影响。

婚姻

家庭是组成一个好政府的基础，最好、最昌盛的国家拥有的幸福家庭也最多。当然，对于家庭而言，婚姻是最神圣的制度。人类经历了无数的磨难和时代的洗礼，才达到了目前的婚姻状况。没有婚姻就没有文明，也就没有人类的进步，更没有幸福生活。对一个女人来说，如果能得到某个伟大或优秀男人的喜爱或崇拜，她的生活也能称做是一种幸福。同样，对一个男人来说，不管他是乞丐还是国王，如果能博得某个贤德女人的欢心，他都会让人羡慕。

没有爱情与婚姻，生活中所有珍贵的快乐都只是人们挂在嘴边的谈资笑料。

"如果你能赢得一位钟情而温柔的女人的芳心，让她成为你的女皇，那么你就胜过世界之王。一个男人如果真正赢得世界上一位好女人的爱，他也算是过着成功的生活。即使他沦为乞丐、死在臭水沟中，也无所谓。"

有一本书里这样写道："男人是力量，女人是美丽；男人是勇敢，女人是爱情。当那个男人爱上那个女人，并且那个女人也爱那个男人时，天使就会离开天堂，来到他们家中，为爱情而快乐地歌唱。"

男人为什么需要妻子

男人需要一位妻子，不仅仅是为了打扫屋子、铺床、补袜子和做饭。如果这些真的是男人所需要的，那么雇人做会更便宜。如果这就是男人想要的一切，那么当这位年轻人去拜访一位女士时，他只需要到她的食品室品尝她做的面包和蛋糕、检查她做的针线活和床铺的整洁程度，以及她是怎么扫地的，这样就足够了。虽然这些事情很重要，但是聪明的年轻人很快就会照顾他们自己，真正的男人需要的是妻子的陪伴、同情和爱。人生之旅有时候会很乏味，男人需要伴侣与其同行。男人有时会遇到不幸、遭受挫折和失败、面临考验和诱惑，因而，他们需要伴侣的支持和同情。有时候，男人需要同贫困、罪恶以及敌人展开艰苦的斗争，这时他需要一个女人，需要这个女人的支持，这样他才有继续战斗的勇气和信心。男人需要女人的爱，需要女人陪伴他走过人生——走过风雨、走过阳光，走过斗争、走过胜利，走过逆境、走过顺境。男人只有找到这样的女人，才会找到幸福快乐。

幸福

自从人类犯了戒律，醒来后必须面对悲惨的生活以来，只要她不在场，大家就认为她因遭受谴责而消失。每个年龄段的人都会向她的前辈或后辈打探她的消息，甚至连最懒惰的人也会努力加入邻居的行列，去寻找这位逃跑者。有些人潜入汹涌的海洋，在珍珠洞和珊瑚洞中寻找她；有些人挖开坚硬的岩石，在山麓中寻找她；有些人到雄鹰翱翔的天空巡视连绵不断的地平线，在可居住人的地面寻找她，但所有人得到的结果都一样。"幸福在哪里？"绿叶婆娑的丛林喊道："不在我这！"轰鸣的波涛吼道："不在我这！"荒凉、空旷而又黑暗的矿井回答道："不在我这！"因为在生活中找不到她，她的追求者就为她竖立起了塑像或神殿，希望她能够躲避进去。但是，他们仍以失败告终。她不曾走进剧院、舞厅、豪华酒店和赛马台。即便有人曾假设自己看到了她，还低声地说："是的，是的，她路过那里了。在那个科学大厅中、在那个知识殿堂里、在那个温暖的家中，你会发现她。"但是，当你到达那里时，你会发现门上只有一个象征死亡的骷髅头，墙上只有"弥尼·提客勒"的字样，哲学家叹息道："不在我这！"遭抢劫的家人也回应道："不在我这！"

然而，幸福在哪儿呢？人们知道她没有死，只是失踪了。自从在智慧树下吃了那枚又苦又甜的禁果，幸福就被吓走了，人类就一直盼望能找到另外一枚让人类再次看到她的启蒙果。这是来自各个时代的预言家和智者给予人类的恩惠，像泰利斯、毕达哥拉斯、索罗亚斯德、伊壁鸠鲁这样的世界大师手举着苹果，说这苹果是刚从生命树上摘下来的。但是，当那些饥饿的买主争先恐后地聚拢在他们周围，付出了昂贵的代价将苹果买到手后，却发现这些果子毫无用处。这些金苹果只是徒有其表，空洞的外壳及上了色的表面，包裹着拙劣的材料和无用的东西。有些人吃了，也没能满足灵魂的需要，甚至有人吃后中了毒。

最后，在百条预言雕琢铺成的道路上，出现了"万国的期待"——耶稣基督。他从天堂带来了这个遗失了很长时间的秘密，他本人就是"真理"，他的每一句话都带着威严和天堂神圣的芳香；他不需要通过频繁的神迹强迫人们惊呼，"先生，我们知道你是上帝派来的老师。"他没有推理，只有启示。他的话不是精明的推测，也不是一位天使来访者的回忆，而是具有权威的话语、无所不知的领悟、上帝化身的神谕。他从"银器篮子"拿出"金苹果"，撒向所有的来者，于是悲观饥饿的人们吃了之后，睁开眼睛抬头看着他，在他身上他们找到了那个古老的问题——"什么是幸福"的答案。"到我这来吧，"是这位救世主的回答，"凡是承担重任的劳苦大众都可以到我这里来，我能让你们得到安息。我心里柔和谦卑，你们应当负我的轭、学我的样式，这样，你们心才能得享安息。"幸福在哪里呢？在这儿，在以马内利（基督的别称）的脚下。于是，从那时起，数千人证实了这种说法。在耶稣的话中，他们发现了使人灵魂充实的知识，一种事实存在的知识；在耶稣的为人与工作中，他们找到了自己良心所渴求的拯救力量，以及能让他们变得神圣的力量。

对于这个"什么是幸福"的重大问题，耶稣就是答案，这就是老师和课程。这个问题已经问了许多年，有几百种答案。但是，一开始救世主耶稣就给出了最终答案。什么是幸福？"幸福是卑微、是悔悟、是温顺、是那些渴望公正的人、是心地仁慈和纯洁、是创造和平的人、是为了追求公正而受到迫害的人。"换句话说，耶稣宣布幸福就是善良，善良的性情是幸福的性情。

在你面前有一个金盒，让你猜盒子里面装着什么。看着它精致的图案和昂贵的质地，你或许会认为是闪闪发光的钻石或君王的图章戒指。能猜出来吗？你猜不出来。当打开盒子时，我们看到的只是一只蜘蛛、一只蝎子或一只纺织娘！审视完人的灵魂之后，你会看到人间最美的盒子，盒子上描绘着精美的图案，用宏大的力量和敏感的情感制作而成。为了使盒子有价值，需要在盒子里装上崇高的目标、纯洁而高尚的动机。亲爱的读者，如果你也有那种盒子，你会在里面放什么呢？你心中主要都在想些什么？你会在里面装上你伟大的追求和快乐吗？你的动力是什么？是金钱吗？是好的名声和赞扬吗？是美味的食物吗？是强烈而邪恶的热情吗？是妒忌吗？是怨恨吗？是自私吗？是要获得安逸与舒适的愿望吗？是一些没有任何价值以至于你都羞于称之为人生任务的东西吗？是某些会损害人的心灵的有害事物吗？

让你的心中充满纯洁的友善和圣洁的怜悯，让你的怜悯像人类的悲伤那样种类繁多，即使生命本身很衰弱，你的友善仍能像流水一样源源不断。别再自私，领会行善的幸福吧！你也可以尝试着做一点贡献，让这个糟糕的世界变得美好一些。你可以尝试着影响身边的熟人，让某个人改掉坏习惯，也可以劝说某个人读一些有用的书或到教堂祷告。在安息日的下午，你还能将可怜的孩子领回家中，给他上一堂《圣经》课。难道没有哪个病人需要你的安慰、你那美味可口的食物吗？难道你不可以陪伴生病的朋友一个小时，给他读、讲一些对他心灵有好处的书，让他高兴吗？总而言之，何时何地你都可以做好事，在家里也可以做好事。你可以为年迈的父母提供帮助，可以安慰失去亲人的亲戚，可以给那些有太多工作要做的人提供帮助而减轻他们的负担，可以通过强有力但慈父般的控制来巧妙地引导你的孩子，可以让你的屋中响起最甜美的音乐，飘荡欢快而满意的谈话，让你的屋中灯光最明亮，让每个人脸上都闪烁着真诚。当上帝带着自我克制与真挚的情感给你带来好机会时，你会将真理或教训永久地刻在一些凡人的头脑中。

你不必端详你的外表，也不必担心人们的评价。你的真诚、你的行为早晚会证明自己，也会证明智慧是合理的。在你平常的谈话中，不会有辱骂、流言、假话，也不会有不得体的话，更不会有卑鄙可耻的语言。在你的日常行为中，不会有欺骗、怪癖、残忍、强制以及违背良心的事。

成功

无论你的生活成功与否，必须由自己回答的问题，不能由别人代言。节制、朴素、诚实及节约，再加上坚定的决心和毅力，会让你得到成功。"我活得越久，"佛维尔·巴克斯顿说，"越能肯定人与人之间、弱者与强者之间，以及伟人与凡人之间的巨大差别，在于目标一旦确立，便会将其实现的能力，不可战胜的决心和不成功便成仁的品质。那种品质可以让人在这个世界上做到一切能做到的事情；没有这种品质，任何才能、任何环境、任何机会都不能让两条腿的生物成为人。"通往商业成功的道路，总是获得常识之路。生活中最大的成功并非偶然得成，单靠运气获得的成功经常会变得非常不幸。"通过欺诈、暴力和出其不意，我们也许会获得一时的成功，但是我们只有用与之相反的手段才能获得永久的成功。"

"诚实才是上策"，这个道理得到了日常生活经验的证实。在商业中保持诚实、正直，也和任何事情一样会获得成功。也许，谨慎诚实的人不会像不道德、不诚实的人那样富得那么快，但是成功应该源于真实的一面，绝不是靠诈骗或不公正获得。即使一个人一时不成功，他也必须诚实，即使失去一切也要保留住自己的性格。因为性格本身就是一种财富，而且如果坚持原则的人能勇敢地保持节操，他一定会成功，或者会得到最高的回报。

主厄斯金所遵循的行为准则，值得每一位年轻人铭刻在心。他说："那是我年轻时的首要命令和忠告，即要一直做对得起良心的事，让上帝对其结果进行评判。我会记住这一点并相信它的实践如同父母般的教诲，直至死亡。我一直遵循这条准则，我没有理由抱怨遵守此原则所带来的短暂牺牲。相反，我发现这是一条通往繁荣与富有的道路，我还会给我的孩子们指出同样的道路。"

你也许会感到失望，会遇到困难，但是不要让它们击碎必胜的决心。乔治·斯蒂芬森在取得最终成功之前，曾奋斗了15年，用以改进火车头。当威廉·科贝特是一位列兵时，他以每天6便士的费用学习英语语法，为了提高英语，他经常要吃很多苦。鸟类学家奥特朋所画的代表2000种鸟类的200幅原图被老鼠吃掉了，这次损失几乎使他的研究陷入了停顿，但是他拿起枪、笔记本和铅笔，愉快地走向了森林，就好像什么事也没发生似的。在3年的时间里，他的公文包又装满了画册。

那些克服了在别人看来难以克服的困难的人，实在举不胜举，但是这几个例子足以说明决心和意志的力量。"贫穷是什么呢？"里克特问道，"一个人应该在贫穷中这么问。贫穷是刺穿少女耳朵时的疼痛，而你又在刺穿的伤口上挂上了珍贵的珠宝。"许多人能够勇敢地承受贫穷的考验，然而，抵御不了成功带来的更加危险的影响。成功易于让心灵变得骄傲，而逆境在一个人的决心下，只会使人的心理变得成熟、刚毅。困难也许会吓倒弱者，但只会让勇敢坚定的人完全奋起。生活中确实有些事情被证明是成功道路上的障碍，但是通过锲而不舍的行为、诚挚的热情、实际行动、坚强的毅力，通过克服困难的坚定决心和勇敢面对不幸的勇气，绝大多数不幸完全可以战胜。

"荣誉和耻辱不是凭空得来的，做好你的事，就会赢得荣誉。"通过自己的努力争取并赢得财富和荣誉，在这个世界中获得"人生的成功"。无论这些成功看起来多么微小，它都比通过诈骗和耍花招得来的所谓成功，要更加持久。

由于急于成功，许多人会忽视道路上的困难，也有另一种人，则只看到困难。前者也许有时会失败；而后者很少能成功。

无法弥补的过去

每个人一生下来就是时间的神圣继承人，在永恒的时间长河中，我们要用一生租用这个世界上的一小段时间，并在此期间工作。在我们之前是永恒的时间长河，在我们之后也是永恒的时间长河；二者中间则是细细的小溪，水流飞快地从一端流向另一端。发自内心觉得时间重要的人，不会长久地学习这个世界所要求学习的课程。你有过这种感觉吗？你感觉到自己的小溪在怎样匆匆流走，并带你流向另一个可怕的世界吗？在那里，这里的一切都只不过是淡淡的影子，世间的一切必将化为永恒。

我们认识到，在我们完全感觉到时间、完全理解时间所包含的无限含义之前，我们便不会强烈地感觉到用睡眠打发时间。在这个世界里，每一天都有它的工作，当永恒的时间长河中的每一天来临时，都会重新向我们每个人提出这个问题：在今天化为永恒和虚无之前，你打算做什么?

关于时间这个奇怪而又严肃的问题,我们有什么要说的吗?人们一生做的事情,只有党人们睡在客西马尼花园里时,才会觉得时间的珍贵,继而感受到一个小时原来可以做太多有意义的事情。

你看过公共广场或花园里的那些大理石雕像吗?这些雕像艺术完美,不断喷涌的泉水从雕像的嘴中或手中喷出,清澈的泉水汇成涓涓溪流而不停地流淌着,大理石雕像却冰冷地站在那儿,无力挽留流淌的泉水。

时间的河流也是这样,在人们的指间快速流淌,从不驻足,直到流尽为止。其间,有个变成了大理石样的人,却从未意识到这不断流走的是什么!是这样,就是这样,10个人中有9个人的生命都在漫无目地、毫无价值地虚度,等到他们意识到这一点时,却已为时过晚。于是,带着所有这些严肃的想法,人们会问:我们的生活是什么样子?我们打算过什么样的生活?

昨天、上星期、去年,都不翼而飞!昨天是在此之前从没有过、而在其之后也不会再来的一天。它曾是诞生于黑暗与永恒之中的新的一天,却又永远地回归到黑暗与永恒之中。它发出声音,向我们询问那天的工作做得怎么样?那天的义务尽得怎么样?我们昨天在做什么?不是作为生活的娱乐,而是作为生活的事业,在轻松和奢华的文学作品中闲荡和消磨时间吗?用生活的兴奋来刺激我们,谋划着怎样使那一天过得最快乐吗?那就是我们的一天吗?

这只是3位使徒睡着时发生的事。现在让我们记住这一点:总有一天,会突然唤醒这种睡眠;总有一天,当准确的征兆宣布死亡使者带走我们时，我们的时间不再以年、月、小时，而是以分钟来计算。

那个可怕的时刻终将会到来，当我们感到一切都结束了的时候，我们的机会和考验都已成为过去时，再试图去认识时间的重要性已然没用了。现在尝试着去理解，最后的审判会过去，并且这将是我们最后的机会。就像其他所有逝去的时刻一样，此时我们也曾想过退缩和放弃。凭借最终被开封的眼睛，我们应该回顾一下过去的生活了。

最后的准备

对于年轻人，尤其是刚步入社会的年轻人，牢记生命的终点以及认识到生命结束的突然性和迅速性，都是有好处的。"在这里，我们本没有常存的城。"正如所有的父辈一样，我们都是地球上的异乡人和朝圣者。生活之路以它独有的开端从我们脚下通过，我们已经开始了工作和享乐，将来也许会把我们带到无形的未来世界。

因此，生命中那些最美好的时光也十分短暂。"它会很短暂，而且瞬间即逝"。它就好比划破黑暗的闪电，很快出现又很快消失在黑暗之中。或许，正如古代的撒克逊人想象的那样："它就像来自黑夜的一只疾飞的鸟儿，穿过一个满是宾客的明亮房间，洋溢着无限的热情，然后又再次飞回到凄冷的黑夜。"可以说，我们好比站在一条狭窄的海岸上，一直等待着潮水把数以百万计的人冲走，冲到一个没有排名榜、没有尊卑但又无法回来的国度。生活在千变万化，而且也是人类生活史上一个令人同情与惋惜的永恒话题，但是，生活激发的一切令人悲伤的款款柔情，却又并非敏感的文字所能描述。

对于年轻人来说，或者对于那些身心非常健康的人来说，能够认识到生命的短暂和所有的生活方式，都是一件不容易的事情。因为，一个人若是满脑子都想着死亡的郁闷情景、忧虑的未来，而在现实生活中备受折磨，那么，这样做的话就显得毫无意义。抛开现实生活，即便在宗教的信仰里，这些死亡的威胁论也并非人们祷告的唯一主题，同样也丝毫不能容忍这种病态的焦虑。然而，一个人若能清醒地认识到生命是脆弱的、死亡是必然的，那么，对于这个人的人生来说都将大有裨益。在人们面临死亡时，希望自己已经完成了原本计划却没能完成的事情，希望每一天都充满激情和快乐，这就已经足够。

我们完全没有必要天天铭记着死亡的威胁，但是，我们应该努力在工作上尽心尽责，就像我们早已经做好了随时迎接死亡的准备一样。"凡是在你手中应做的事，都要尽力去做，因为在你必须前往的那一方世界里，没有工作、没有谋算、没有知识，也没有智慧。"我们应该做好随时结束工作的准备，既能享受生活，又能坦然地面对死亡。无论是年轻人还是老年人，都应该记住这一点。年轻的时候，我们不能理解将各种生活联系在一起并赋予各种意义的亲密与依赖，然而这些生活的本身与道德联系在一起，使得我们不能屈服于自己强烈的情感，也不能放纵自己的嗜好和玷污自己的灵魂。尽管灵魂可以被忏悔的眼泪和救世主的血清洗，但是强烈的感情风暴仍会留下它的废物和污染。因此，在生活中，事物都具有不稳定性的因素，有时我们看到的诚实与和谐，也许并不像自己所希冀的那样纯洁和干净。

从可怕的墓穴里走出罪孽深重的埋葬论，死亡时常用恐怖来纠缠并羞辱人类。如果我们失去了所有的精神情感，它将一定会找到我们。当我们在黑暗的山中蹒跚而行的时候，当生活对我们失去了信任的时候，便总有一种神奇的强光照亮人类道德的整部历史。伴随着我们自己制造的罪恶，使得我们在生活面前得到了全面的升华。美好与罪恶，都存在我们生活的世界里。在这个世界上，那些无法弥补的悲伤常常突袭我们，使得我们丢弃美好的事物或者忍受折磨，也使得我们不得不承认命运的主宰甚至恶魔的侵蚀。

教育学者或者神学家们，千万不要让年轻人觉得屈服于这样或那样的罪恶是一件应该履行的义务，否则，他们在生活中就会放纵自己。教育学者或神学家们应该让年轻人尽量不要放弃自己的良知，不要让年轻人在最坏的情况下选择忘掉愚蠢的行为而希冀达到美好的生活。在年轻人眼里，似乎过往的许多人都选择了这样的做法，他们也思忖着效仿。但是，倘若年轻人认为许多伟人在年轻的时候也狂放不羁，他们就会理所当然地模仿这一行为。

俗话说："前人播种下了野性的种子，后人便法定地模仿着做一些同样放荡的行为。"按照这种强盗逻辑，年轻人就会对自己的愚蠢观点不加管制，而是将未来的生活与这些被人标榜起来的伟人进行比较，进而追求或者达到一些野蛮的行为。年轻人，因为没有过多的经验，也缺乏甄别能力，便妄想着个人认为的"美好"生活，以致使得自己的心灵受到毒害，最终伤害了自己最本真、纯洁的思想。毋庸置疑，一个人内心世界最深处的法律就是因果报应。谁播种下了野性的燕麦种子，谁就会收获某种形式上的苦果。任何人播种什么都会收获什么，一个人播种的是肉欲，他收获的也只能是腐烂；一个人播种的是心灵，他收获的一定是永生。

因果报应，在道德领域里被标榜成一种精神力量。在人类活动的轨迹上，任何生活的过程都是一系列道德冲动及其产生的后果。生活的每一部分都会留下以前的印迹，并会和将要来临的生活再次联系起来。我们就是带着生活的这个特性，每天面对生活、接受死亡的威胁。生活里的每一个行为，包括我们的工作、学习、罪恶、忏悔、信心和美德，都为我们将来的幸福或悲惨埋下了伏笔。我们不得不承认，每一个人都要面对死亡，但是如何正确地面对生老病死，就是一个人是否拥有积极健康的心态的衡量标准。因此，生活教导我们要以庄严的态度对待工作、以乐观积极的心态正视死亡，这便是生活的特性。只有了解了生活的本来意义，才能通往更高水平的生活，它们是对未来的一种教育或者说是一种训练，具有极其崇高的意义。因为，只有正视死亡，才能更好地获得美好、幸福的生活。

让年轻人记住现在对未来的重要影响显得尤为重要。在生活的开端，就让年轻人记住生活从哪儿开始、怎样进行又是如何结束，他们才能正视每天不断变化着的生活。未来和永恒的特性来自现在和短暂，所有的东西都会被概括成这一点。它是不公正的，就让它仍然不公正；它是肮脏的，就让它仍然肮脏；它是正直的，就让它仍然正直。道德历史的长线是不间断的连续体，死亡的阴影可能遮挡住人们的视线，但与现在相似的顺序出现在另一个世界里。

每一个人都需要过好现在的生活，为面对死亡和即将来临的生活做好准备。你的生活应该这样度过：通过拥抱缔造者的光芒和爱，通过完成救世主及主人耶稣的工作，好好地利用这个世界而不是滥用这个世界，在属于你的责任中学习、享乐、探索，以便适合生活在一个更好的国度，即天堂一般的国家。无论是年老者还是年轻人，时间都将是短暂的，都会走完短暂而仓促的一生。在你尽享人间的苦与乐时，死亡出发的召唤会在你意想不到的某一天某一时刻悄然或者突然来到。如果做到了充实地度过每一天，那么，这样的人就会感到幸福。然而，如果上帝发现有人从生命伊始到生命结束都在等待和观望，那么，不仅上帝会为这样的人感到可惜，而且这样的人也会因白白地浪费一生的光阴而感到沮丧。

2 | 节 约

　　节约不仅为今天服务，也为明天服务。节约也是为了将来获得收益的一种投资，每一个懂得节约的人，都应收起部分收入以备将来使用。当人们越实行节俭的习惯，节俭就会变得越容易，也就会越早地补偿自我约束者为此而做出的牺牲。节约的方法很简单，不要入不敷出，此乃首要规则。

行业

在我的王国里，不是我拥有什么，而是我在做什么。

——卡莱尔

让一个民族富裕、一个国家繁荣安定的唯一资本，便是制造业。所罗门说："所有的劳动都有利润。"可是，除了一堆枯燥的说教文字，什么才是政治经济学呢？

——塞缪尔·莱恩

通过庄稼汉的劳动、手工业者的技术和商人的风险投资，上帝为这个世界提供了许多可供满足自然需要的东西。懒散的人就如行尸走肉一样，他们不关心这个世界的变化和需要，他们活着的理由，就是将时间荒芜，或者像害虫与豺狼一样蚕食地球的果实。当这些懒散的人耗尽时间时，他们就离死亡越来越近，而在此期间，他们不做任何有益的事情。

——杰里米·泰勒

对于我们建造出的建筑物，时间就像填充材料，而我们的现在和过去，就是盖房子用的木料。

——朗费罗

从文明时代起，节约便崭露头角。当人们发现有必要为现在和未来做准备的时候，节约便真正地提上了议事日程。因此，节约比货币出现得更早。私有经济常常需要节约，而现在的家庭经济和秩序管理也提倡节约精神。

当节约成为创造私营经济和提升个人幸福的目标时，它也成了创造和提升国家财富的政治经济目标。因此，个人财富与公共财富具有相同的起源。劳动创造了财富，由储蓄和积累保存了起来，通过不断的勤奋和坚强的毅力与日递增。

每个国家的财富，都靠国民创造并积累。同样，由于个人的浪费，也造成了国家的贫穷。所以，每一个节俭的人都可被视为公众的恩人，每一个奢侈浪费的人都可被视为公众的敌人。

在一个国家，势必要存在私营经济，而且不存在任何的质疑。作为一个国家的公民，每个人都必须承认这一点，但是关于政治经济，存在很多争论，例如资产的分配、财产的积累、税收的征收等其他问题，在这里我们不准备进行探讨。因为私有经济的存在与节约的主题，已经足够占据这本书的主要内容。

节约并非自然的本能，而是经验的积累、榜样的学习和深谋远虑，它是教育和智慧的结晶。只有当人们变得明智且具有思想的时候，才能真正变得节俭起来。因此，让人们变得节俭的最好方式，就是让人们明智起来。

与节俭相对的便是挥霍，而挥霍是人的一种自然本能。因为野蛮人没有远见、不考虑将来，所以野蛮人是历史上最大的浪费者。以前，人类不懂得节约任何东西，他们住在用树枝覆盖的洞里或地面上的洼地里；他们以在海边捡到的贝类或者在树林里搜集的坚果为生；他们用石头猎杀动物；他们躺着以求等待猎物或徒步追赶猎物；他们利用石头制作工具（制作石头的箭头和矛头），他们从来不管材料利用了多少；节余的石头还可以制作成矛头，而只是为了方便快捷地捕杀猎物，却浪费了太多的东西。

原始的野蛮人对农业一无所知，在距我们较近的年代的人们，也只是收集一些种子作为食物，并留出一部分种子以备来年耕种。当原始人发现了矿物并学会使用火的时候，他们把矿物冶炼成金属，于是人类在历史上又迈出了伟大的一步。然后，他们又制造出了坚硬的工具，凿石头、建房屋，并通过不懈地努力缔造出许多文明的方式和机构。

海边的居民把一棵砍倒的树烧成中空，将它推向海里，便成为了原始的独木舟，并借用这些独木舟捕捞食物。然后，他们便把这些挖空的树用铁钉钉牢，便成为了一艘艘船。接着，这一艘艘船又演变成了平底船、轮船、手摇船甚至是螺旋桨汽船，慢慢地开创了殖民时代和文明时代。

倘若没有祖先的劳动成果，估计现在的原始人还没有开化。这些原始人的祖先，开垦土地并种上了可供食用的食物的种子。不仅如此，他们还发明了工具和织物，发现了艺术和科学，一直沿用至今。

大自然的道理启示人们，做过的任何好事都会在人类历史上留下印记。活着的人们，就应该永远记住那些已逝的成功的先人们。比如尼尼微、巴比伦和特洛伊，这些消失已久的城市里，许多建筑和雕刻所体现的手工和技术，已经沿用到现在。在自然经济中，人类的劳动不会完全消失，甚至其中的许多成果仍在造福于后世。

在我们所继承的遗产中，祖先留给我们的物质财富数不胜数，我们也只是利用了其微不足道的一部分。我们与生俱来的权利是由某些更加不朽的东西组成的，它包括了人类的技能和劳动的精华。然而，这些成果并不是通过学习而传下来的，而是通过教育和榜样的力量逐代相传至今。艺术、手工艺、机械常识等，就这样一代传一代，并被保存下来。几代人的劳动成果，被父亲传给了儿子，儿子又传给孙子，慢慢地便继承了一些人类劳动的结晶。

因此，我们与生俱来的权利，包括了先人留下的有用的劳动成果。但是，如果我们不亲自参加工作，将不能真正享受并拥有它们。所有人都必须参加工作，或用双手或用头脑，来继承祖先留下的智慧和成功。在现实生活中，没有工作的生活便显得毫无价值，而且，那样的生活只能是一种道德的昏迷状态。我们所说的工作不单单指体力劳动，在人类生活当中，有着许多更为高级的工作，比如需要行动和忍耐力的工作，需要试验和耐心的工作。企业和慈善事业的工作、传播真理和文明的工作、减少痛苦和救助穷人的工作、帮助弱者并促成他们进行自助的工作等。

贝娄说："一颗高贵的心，永远不屑像雌蜂一样，吞噬别人的劳动成果；也不屑像害虫那样，偷窃公共粮仓的食物；更不屑像鲨鱼一样，以捕食弱者为生。拥有高贵的心的人，他们为公众做出了大量的服务和慈善劳动，远远超出了自身的义务。从君主到臣民，虽然没有人要求他这么做，但是良知常常焕发他付诸行动。"

劳动不仅是必要的，而且充满了种种乐趣，否则，劳动会变成一种诅咒。根据人类身体系统的构成，劳动成为对身体的某种赐福。在某些方面，我们的生活和自然有着冲突，但在其他方面又与自然达到了和谐统一。我们不断地从大自然里的太阳、空气和土地吸取重要的能量，帮助我们满足衣食、住行，甚至享受丰富的精神文明。

我们不得不承认，与我们在一起工作的还有大自然。大自然给了我们土地，让我们耕种，并使我们播下的种子快速生长、成熟。在人类劳动的帮助下，大自然给我们提供了纺织用的羊毛和吃的食物。无论多么富有或贫穷，我们都应该记住所有吃的、穿的、住的，从宫殿到小屋，都是人类史上一个个重要的劳动成果。

为了生计，人们开始彼此产生信任，甚至参与合作。农民耕种土地并提供食物，制造业者纺出丝织品，裁缝把丝织品做成衣服，泥瓦匠和砖匠建造出可供家庭生活的房子。大量的工人，就这样一起创造出了总体的成果。

一旦劳动和技能被应用，它们就能立即产生出珍贵的价值。人的生命需要劳动来维持：一方面通过劳动创造出物质与精神文明；另一方面通过劳动塑造健康的体魄。如果有人丧失了劳动能力，或者有人拒绝劳动，那么，这个人就离死亡不远了。圣保罗说过："不工作的人不应该吃饭！"无数圣保罗的信徒，赞美圣保罗没有向其他任何人索取东西，而是用自己的双手辛勤劳动。

有一个众所周知的故事，在这里我想与大家再一次分享。一个老农夫在临终之前，将3个懒惰的儿子叫到病床前，告诉了他们一个重要的秘密。老农夫说："我的儿子们哪，在我要留给你们的这块地下，有一笔巨大的宝藏。"老农夫大声地喘着气，他的儿子们则大喊："宝藏藏在哪里呀？"老农夫说："我要告诉你们，你们得把它先挖出来。"然后，老农夫就死了。在这一大片荒芜的土地上，老农夫的3个儿子便立即用铁锹和鹤嘴锄翻土，他们把每一寸土地都翻遍了，也没有发现所谓的宝藏，但是他们学会了如何工作。他们在田地里播种，随即就有了收获。田地里的产量逐渐增长，它们用自己的劳动换来了丰厚的回报。这个时候，他们才发现："原来父亲所说的宝藏，就是告诉我们辛勤地劳作呀！"

劳动既是一种负担和惩罚，也是一种荣誉和快乐。劳动可能被视为贫穷，但贫穷里面也有光荣。在劳动的同时，劳动也见证了人类的多种自然需要。如果没有劳动，人类是什么？生活是什么？文明又是什么？人类在艺术、文学和科学中所取得的成就，都来源于劳动。通过劳动，人们获得了知识、技能、智慧、健康、快乐，最后人们发现，天才也只不过具有某种劳动能力而已，而这种能力往往需要付出巨大的、持久的努力。也许，劳动可能是一种惩罚，但劳动的确非常光荣。对于那些为最高目标和最纯粹目的而奋斗的人们来说，劳动就是崇拜、责任、赞美和不朽。

遵守劳动法应该是公民应尽的义务，却有许多人抱怨劳动法，他们不仅没有意识到遵守劳动法不仅符合神的意愿，而且对于自我智力的开发也大有必要。树叶掉到地上，还有正反之分，因此我们也没有必要强求所有公民都必须臣服于劳动法。然而，在抱怨劳动法的人们当中，有为数不少的可怜人，他们因为懒惰而抱怨劳动法，总是寄希望于满足感官享受，此外他们便无事可做或放浪形骸。还有一个奇怪的现象，那就是这些人并不是最爱抱怨、最悲惨和最不满足的人，那些最爱抱怨、最悲惨和最不满足的人往往处于最为无聊的状态，总是让自己成为阻碍世界发展的绊脚石。如果他们有朝一日被清除、排挤，试想，他们也不会唤起任何人的同情。因为，进步的社会总是呼吁剔除这些最可怜、最卑鄙的游手好闲之辈。

对于推动社会进步的劳动者，要将功劳归功于处于需要而不得不工作的人们，还是要归功于处于选择而工作的人们？我们所说的文明、安宁、繁荣等进步思潮，都建立在勤劳的基础之上，从麦秆到蒸汽船的结构、从衣领的缝纫到折服世界的雕像，都凝结了劳动者的无穷智慧和辛勤劳作。

劳动的结果、教育的结果、观察的结果、研究及辛苦经营的结果，都凝结于劳动之上。如果最高贵的诗没有经过坚韧而辛苦的努力，就不会成为未来不朽的诗篇。在历史的进程上，任何伟大的作品都不是一气呵成的，必须经过反复的努力和多次失败，才能慢慢铸就成可供后世敬仰的作品。先前的一代人开始了工作，之后的另一代人则继续工作，后来者往往同前者共同缔造了伟大作品的神话。比如，帕提侬神庙就是由一个小泥屋慢慢变化，最后变成了一座大殿。在人类的种族个体中，也存在这样的现象，比如有些种族建立之初，经历了一连串的失败，却通过不懈的努力，到最后终于取得了成功。

人类的成长史，可以看作是一部人类的奋斗史，同样也可以被视为一部人类的勤劳史。勤劳能使最贫穷的人获得荣誉，能使最贫穷的人慢慢致富，也能使中层阶级荣升贵族，更能使贵族阶级建功立业。在艺术史、文学史和科学史上颇有成就的人，都是一些勤劳的人。比如，在历史的洪流中，工具制造者给人类带来了蒸汽机，理发师带来了纺纱机，织工带来了走锭精纺机，矿工完善了火车头，在这些辛勤劳动的人们当中，涌现出了一个又一个的以勤劳著称的英雄人物，通过他们的手不断推动人类社会和科技的进步。

我们所说的劳动者，不仅仅是指从事体力劳动的人，还指一些从事脑力劳动的人，抑或指一些从事脑力劳动和体力劳动相结合的人。从事脑力劳动的人，他们的身体系统会受到更加高级的官能影响，诸如绘画、写作、制定法律和作诗，都在从事一种更为高级的劳动，这种劳动对社会的物质需求来说，虽然不如农夫和牧羊人那样重要，但是为社会提供了智慧的营养。

在前面，我们讲述了勤劳的重要性和必要性，下面，让我们看一看勤劳的优越性。比如技术、艺术、发明和智力文化，如果不是人类祖先的积累，那么，人类现在仍将得不到开化。

世界的储存促成了世界的文明。储存是劳动的成果，只有当劳动者节约时，文明的成果才能得到积累。我们已经讲过，节约始于文明，我们也讲到过"节约创造了文明，节约创造了资本，资本是劳动保留下来的成果"。

然而，节约却不是人的自然本能，它是后天养成的行为准则。节约需要自我克制，即为了将来而克制目前的享乐，使动物般的欲望屈服于理性、深谋远虑及谨慎。节约不仅为今天服务，也为明天服务。节约也是为了将来获得收益的一种投资。

　　爱德华·丹尼森先生曾说："人有预知未来的权利，这种权利是人的理性所在。它要求人们要为将来做好准备。语言可以通过不同的词语表达相近的意思，同样，清楚的表达也是为了将来拥有一口流利的语言而时刻准备着。无论何时何地，只要我们谈到节约的美德，都将是一件绅士的行为。只是知道未来究竟会是什么样还远远不够，我们要做的是，必须为将来做好准备。"

　　但是，在我们周边，有太多的人都没有为未来做好打算，他们懒得知晓未来是什么样子，也不记得自己的过去，他们只考虑到现在，永远只在乎眼前的蝇头小利。这些人总是花光自己所有的收入，而不保留任何东西，他们从不为自己打算，也不为家人打算。在这些人当中，也不乏收入高的人，但是他们将自己所有的收入胡吃海喝，到最后他们却挣扎在贫困线上。

　　老百姓生活的道理，同样也适合一个国家的管理。如果一个国家将所有产品消费殆尽，也不给生产留一点储备，那么，这个国家就永远没有持续生产的资本。与从不节俭的人一样，这个国家也是现生产现消费，到最后，这个国家也挣扎在贫困线上。没有资本的国家，也就没有任何商业，因为这样的国家没有积累，没有可以供生产的原材料，也没有可供销售的产品，在这些国家当中，他们常常抱怨自己没有船舶、水手、港口、运河、铁路等。

　　节俭是世界文明的根基。西班牙最肥沃的土地，却是最低产的。瓜达尔基维尔河两岸，在以前拥有12000个村庄，到现在不足800个，到处都是流浪的乞丐。正如一句西班牙谚语所说："天空很好，大地也很好，唯一不好的是处于天空和大地之间的世界。"对于西班牙人来说，不断的努力或有耐心的劳动是不堪忍受的，因为其中充斥了大量懒惰的人、大量骄傲的人、大量不肯努力工作的人。西班牙人会为工作而脸红，却不会为乞讨而脸红！在西班牙的社会，囊括了两种阶级：一种解释为节俭者和浪费者；另一种解释为富人和穷人。

劳动并且节约的人，成为资本的拥有者，他们的资本促使其他的劳动者活跃起来。资本在他们手中慢慢积累，而后又雇用了其他劳动者为其工作，从此便产生了贸易和商业。

节俭者建造房子、仓库和工厂，他们为工厂安装上工具和机器，他们建造船舶并把这些船舶派到世界各地。这些节俭者将资本聚集起来，修建铁路、港口和码头，他们利用资本开煤矿、铁矿和铜矿，甚至安装抽水机抽干矿井里的水。他们总是雇用劳动力为矿井工作，因此也产生了巨大的就业量。

这些由节俭者"发明"的工作，都是劳动的结果，也都是节约发挥的成果。那些从来没想过节俭的人，就不能为整个世界的进步做出贡献。他们总是将自己身上的钱花得所剩无几，也因此而不去帮助其他任何人。这些没有节俭习惯的人，无论他们挣多少钱，他们的地位也不会有任何提高，因为他们不会节省地使用自己的资源，也总是需要别人帮助。

节约的习惯

节约的主要事情，就是要学会自我控制。

——歌德

大部分的人都是只为现在工作，只有极为少数的人在为将来工作，而聪明人既为现在又为将来在工作：在现在为将来工作，在将来为现在工作。

——在谈真理时，盖斯如是说

所有成功的秘密都在于知道如何约束自己。如果你一旦学会控制住自己，你就是最好的教育家。那么，向我证明你能够约束住自己吧！如果你做到了，我就会说你是一个受过教育的人；否则的话，所有的其他教育对你来说都将是徒劳的！

——奥利劳特夫人

全世界的人都在喊："拯救我的那个人在哪里？"我们需要一个人来拯救自己！其实，你没有必要前往远方寻找这个人，这个人恰恰就在你眼前，这个人是你、是我、是我们每一个人！如何把自我塑造成自己想要成为的那个人？如果这个人想的话，那么我告诉你，一切都很简单；如果这个人不想的话，我也会告诉他，一切都很困难。

——亚历山大·杜马斯

通过适当的谋生手段，大多数人都能获得能力，并享有舒适的生活。拿高薪的人可能也会变成资本家，并从这个美好的世界上获得属于自己的合理份额，但是只有通过劳动、学习、能力、诚实和节俭，这些拿高薪的人才能慢慢提升自己的地位或者达到那个阶层的核心地位。

就目前而言，社会所承受的浪费钱财之苦，远远大于缺少钱财之苦。其实，挣钱比知道如何花钱简单得多。一个人的财富，不在于他拥有什么，而在于他知道如何消费和节约。当一个人通过劳动获得的财富远远大于自己和家人所需的资金时，他就能存下一部分钱，同样他也为这个社会创造了福祉。储蓄可能没什么了不起的，但它足够让一个人独立起来。

今天的高收入群体没有理由不存一部分资本，因为这恰恰反映了一个人自我约束和个人节约的人品问题。实际上，在当今的主要工业领袖当中，大部分都是直接来自普通工人阶层。经验和技能的积累，让这些工人和其他工人变得不一样，因为节约资本往往取决于一线工人，当工人节约了资本，就会发现总有机会充分利用节约的资本，让其产生更多的收益和回报。

节约时间就等于节约金钱。富兰克林说过："时间就是金子！"如果一个人想要挣钱，他可以通过合理利用时间来获取。时间可以被用作许多有意义的事情。比如，时间可以花在学习上、研究上、艺术上、科学上和文学上；时间也可能因为使用方式合理而被节省下来，以求达到另一个已经安排的计划上。在完成任务的过程中，因为有了合理的使用方式，时间没有被浪费，从而在某种意义上来说，也无异于节约了时间成本。每个做生意的人都必须讲究时间的使用方式，要有轻重缓急的次序，每个家庭主妇也一样，必须合理地安排时间。每件物品都必须有搁置的地方，而且必须做到井井有条；每件事都必须有完成的时间，而且必须按时完成。这样的时间使用方式不仅适合于家庭主妇，同样也适合于生意人。

我们没有必要花上大段的描述来证明节约有益，也没有人能够否认节俭的可行性。在生活当中，有太多这样的例子了。比如有许多人已经做了一件事情，还会有另外一些人采用同样的方式施行。节俭不是一个令人痛苦的美德，反之，节俭使我们避免遭受轻视和侮辱。节俭要求我们约束自己，但绝不是让我们戒除所有适当的享乐。节俭给我们带来了快乐，而奢侈浪费从我们身上剥夺走了这些快乐。

节俭并不需要强大的勇气，也不需要多么出色的智力，更用不上超乎常人的美德，它只需要人们拥有常识和抵制自我放纵的毅力。事实上，节俭只是每一天工作行动中的常识，它不需要坚强的毅力，只需要稍微耐心地约束自己。其实，节俭只要开始实施就好了！当人们越实行节俭的习惯，节俭就会变得越容易，也就会越早地补偿自我约束者为此而做出的牺牲。

有人会问："当一个人挣的工资很少，而且还需要钱养活一家人的时候，再让他攒钱存到银行里，这可能吗？"事实上，有许多勤勉而清醒的人却做到了，他们确实约束了自己，将多余的钱存进了银行或者其他为穷人服务的贮藏所。他们做到了这些，并没有因此而感到痛苦，而是拥有了快乐和幸福的生活。如果有人能够做到这些，那么，所有与这些人相同条件的人们，难道就做不到吗？

对于一个高收入者来说，周复一周地把所有的工资都花在自己身上和家人身上，最后什么也没留下，将会是一件多么自私和可悲的事情！当我听说一个有着高收入的人，直到死时也没留下任何东西，以致妻儿老小生活在贫困边缘，当时我就在想，我绝对不会同情他，我只是会觉得他是世界上最为自私和挥霍无度的人。许多人都会觉得这样的事情离自己太遥远，不会发生在自己身上，但是，如果有此想法的人不注重节约，相信这一灾难也会降临在他们头上。捐赠可能会给一个家庭带来什么，也可能什么也带不去，然而不幸笼罩在与节约背道而驰的家庭当中。

其实，只要稍微谨慎一点，就会在很大程度上避免这种悲剧发生。如果一个人少喝一杯啤酒、少抽一支烟、少一点自私享乐，在经过几年之后，他至少可以为别人节省点什么，而不是全浪费在自己身上。实际上，贫穷者的全部义务就是在家人生病无助的时候，不得不费力地养活自己和家人，虽然穷人们最不希望生病而变得无助，但是他们会经常遇到这种事情。

在人类当中，只有相对较少的人能成为富人，凭借勤劳节俭，大多数人能够获得足够多的财富，从而满足个人的生活需要。这些人甚至能够积攒到足够多的钱，从而保证在年老的时候不至于受穷。然而，阻碍人们节俭的原因，不是人们缺少节俭的机会，而是人们缺少厉行节俭的意志力。人们可以不断地从事体力劳动或脑力劳动，但是不能抵御自由的消费，也难以抵御追求高档次生活的欲望。

在生活当中，许多人喜欢享乐而不愿控制自己的欲望。经常花光所有收入的人当中，不仅仅是那些有工作的人，而且还有不少坐吃山空的人。我们听说过这样的人，他们一直赚钱但每年花费都成百上千，等到他们突然死去的时候，他们的孩子身无分文。每个人都知晓这样的例子，但是等到自己百年以后，房屋里的家具却用来支付欠下的债务。

金钱是一堆没有价值的物体，或者说没有真正的效用，但是金钱代表着更加珍贵的东西，那便是独立。从这种意义上来讲，金钱具有重大的道德意义。

作为独立的一个保证，节俭这种朴素而又普通的品质立刻变得高贵起来，并上升为最有价值的美德之一。布尔沃说过："不要轻率地对待金钱，金钱就是性格。人的一些最优秀的品质取决于对金钱的正确使用，比如人的慷慨、仁慈、公正、诚实和深谋远虑；人的许多最恶劣的品质则来源于对金钱错误的使用，比如人的贪婪、吝啬、不公正和铺张浪费。"

铺张浪费足以剥夺人的所有精神和美德。现挣现花的阶级，在这个世界上最终会一无所有。把所有的收入都花光的人，永远处在贫困的边缘。他们必然是软弱无力的一辈，也必然会成为时间和环境的奴隶。他们将一直贫穷下去，也不可能保持独立和自由，将会失去自尊和来自他人的尊重。

人只要稍微有一点积蓄，无论这些积蓄多么微不足道，他就会处在不同的境遇。积累起来的小资本，总会成为力量的源泉。这样的人不会再受时间和命运的支配，能够大胆地面对世界，能以某种方式成为自己的主人，也能主宰自己的时间，从而不会被买卖。这样的人也能快乐地期待舒适幸福的晚年。

当一个人变得明智和富有思想的时候，通常也会变得节俭和深谋远虑。一个没有思想的人，就像野蛮人一样会消费掉自己的一切，也因此而不考虑明天、不考虑逆境，更不考虑其他人的需求。但是，一个明智的人则会考虑将来，会未雨绸缪，会为自己和家人做好迎接苦难的准备，而且还会细心地为自己的亲人们提供保障。

结婚后的男人，有着多么重要的责任啊！然而，很少有人仔细考虑过这份责任。或许，婚后的男人已经得到了妥善的安排，但是，如果他认真地考虑一下婚后的责任，就不会出现躲婚和闪婚了。男人一旦结婚，就应该马上做出决定，尽自己最大的努力，让家庭不出现匮乏，倘若男人死去，自己的子女不会不学无术、坐享其成。

奢华的生活

对于奢华的生活而言，带有这种目标的节俭，往往是一项重要的责任。如果没有节约，就不会有人公正，也不会有人诚实。对于妇女和儿童来讲，浪费是残忍的，即便这种残忍出于无知。一个父亲将自己的余钱都用来喝酒，给予妻儿老小的却非常少，甚至攒不下金钱，然后这位父亲死后，就会撇下穷困的家庭。因此，我们常说，这样的人根本就不配成为父亲，甚至可以毫不夸张地说，这样一个没有责任心的人，根本没有资格被称为"男人"。

对于家庭而言，还有什么比这更为残酷的呢？然而，这种鲁莽的行为在很大程度上存在于每个阶层之中。中等社会、上等社会以及下等社会都有着同样的经历。处于这样经历的阶层总是入不敷出，过着奢华的生活。他们渴望辉煌，渴望浮华和快乐，他们也努力想变得富有，那样就能大手花钱、喝醇香的酒、举办奢华的宴会，但是他们好高骛远，不积攒金钱，最后徘徊在贫困线上。

几年前，在英国国会下议院，休姆先生说"英国人的生活太高调了"时，立刻引来人们的大声嘲笑。但是，历史检验的真理偏向了休姆先生，他的评论极为正确，现在也更是如此。有思想的人认为现在的生活步伐太快了，人们生活在重压之下。简而言之，人们的生活过于奢华，以致使得人们入不敷出。人们在挥霍了自己的收入后，常常也就挥霍了自己的生命和责任。

许多人都在勤劳地挣钱，却不知道如何省钱，也不知道如何花钱。能够挣钱的人，需要拥有足够的技巧和勤奋，但是要知道如何花钱和省钱，就需要足够的智慧。暂时的享乐热情，往往会冲昏人们的头脑，因而人们常常会不考虑后果便做出了让步。然而，一些具有自我克制力的人，就会用坚定的意志和决心将奢华生活的意念控制住，以免进行不必要的支出。

购买便宜货

节约习惯的形成，多半是由于人们渴望改善自己或依赖自己的人的生活质量。节约能摒弃一切不必要的东西，避免所有铺张浪费的生活方式。如果我们不需要一件东西，那么，即使买来的时候价格最低，其实也是最为昂贵的物品。因为，费用会集腋成裘、聚沙成塔。经常性地购买不需要的东西，就会很快让我们养成其他方面的浪费习惯。

西塞罗说："没有购买欲望，就等同于拥有了财富。"购买便宜货的习惯，常常使许多人失去了自制力。"东西真便宜，我们买吧。""你买它有用吗？""不，现在没用；但总有一天会有用的。"于是，这种购物风气便风靡起来。有些人买的旧瓷器多得足够容纳一个瓷器店；另一些人买的旧画、旧家具，足以可以开一个二手店。如果这些东西并非按鉴赏家所出的高价的话，那么，虽然买这些旧东西不会有什么害处，但是这种行为在慢慢地吞噬你的财富。贺瑞斯·沃波尔曾说："我希望减价销售活动，就此在人类活动中终止，因为这些便宜货填满了我的房子，而且蚁食了我所有的存款。"

在青年和中年时，人们必须为老年的幸福生活攒下足够的钱。让人痛苦的是，看到一个大半辈子从事高薪工作的人，到了晚年却靠乞讨为生，或者完全依靠邻居的同情或陌生人的施舍，借以满足生活所需。鉴于此方面的考虑，应该激励人们为了家人及自己的晚年生活，在年轻或中年的时候，就下定决心努力工作和攒钱。

实际上，如果人们不是入不敷出的话，年轻时应该节俭，年老时则进行自由支配。年轻人拥有长远的未来，他们便可以实行节约的原则；而老年人正走向职业生涯的尽头，从社会上已然得不到什么，这个时候就需要依靠儿女的赡养或者靠积蓄为生。

约翰逊谈节约

现在的年轻人，在花钱的问题上与自己年老的父亲一样自由，或者渴望像自己的父亲那样自由。结果，这些年轻人在花钱方面通常比自己的父亲更加自由，而自己的父亲就要结束自己的职业生涯了。年轻人便从父亲停下的地方开始生活，他们花的钱比自己父亲年轻时要多出许多倍。于是，年轻人很快便债台高筑了。

为了满足自己的不断需求，年轻人便开始不择手段，转向年取非法收入。年轻人便会想法快速挣钱，以致从事走私、贩毒等非法活动。如果年轻人选择了这样的挣钱方式，那么，其一生就这样结束了。而且，年轻人获得了做坏事的经验后，他们便会变本加厉，放荡自己的行为，以致坑害自己和家人，同样其行为也会危及社会。

苏格拉底建议父亲们注意身边那些生活节俭的邻居们的做法，注意那些把钱花在刀刃上的人的做法，并以他们为榜样从中获益。节约并非一件难事，而是人人都可以身体力行的，而且通过模仿可以学以致用的行为。比方说，有两个人每天都挣两美元，而且两个人的家庭生活和消费完全一样。然而，一个人说自己不能攒钱，也不攒钱；另一个人说自己能攒钱，并定期将攒起来的钱存到银行，最终成了资本家。

塞缪尔·约翰逊完全懂得贫困的窘迫，他曾将名字签成了Impransus或Dinnerless。约翰逊曾同萨维奇一起走在街上，当晚却不知道到哪儿度过。约翰逊从没忘记自己早年的贫困经历，总是建议朋友和读者们不要陷入贫困。正如西塞罗一样，约翰逊认为节约是财富和健康快乐的最佳源泉，并称节约为"谨慎之女，节制之妹，自由之母"。

约翰逊说："贫穷剥夺了人们许多做善事的方式，虽然它使人们丧失了抵御灾难和邪恶的能力，但是，人们能够通过各种有效的方法避免贫穷。于是，每一个人都要下定决心让自己不受穷，无论一个人有多少钱，也要少花钱。节俭不仅是安宁生活的基础，而且也是善行的基础。一个本身都需要帮助的人是不能帮助其他人的，而且我们必须有足够的钱，才能帮助他人。

"贫穷是人类幸福的大敌，它会破坏人类的自由，使一些美德不能实施，使其他美德难以实施……对所有需求大的人来说，不管采取什么原则，都应该认为自己必须向生活节俭的人学习，学习他们的聪明做法，学会节约开支。不会节约的人便不会富有，而且节约很少使人贫穷。"

当一个人将节约看成势在必行时，就不会成为一种负担。那些原来没有注意节约的人会惊奇地发现，每星期攒起来的那几个10分硬币和25分硬币会有助于提高品德、获得身份的独立。

自尊

每一次对节约的尝试都包含了自尊。自尊本身就能提高人的觉悟和品行。自尊给性格赋予了力量。自尊培养了头脑井然有序的思考能力和自制力。自尊建立在深谋远虑的基础上，让美德控制自我放纵。最重要的是，自尊保证了人能够获得舒适，驱赶担忧、烦恼和焦虑，否则，我们会受到这些不良情绪的侵扰。

有人会说："以上所说，我做不到。"但是，每个人都能做到一些事情。"做不到"这个词，是毁灭人类和国家的原因。实际上没有哪个词能比"不能"这个词更为虚伪了。打个比方，一天抽10美分的烟，一年要花36.50美元。随着数目的递增，直到人死亡时，数字变为2000美元。如果这个人每天花20美分的烟钱，在50年内，他会浪费掉1万美元。

一位师傅建议自己的工人节约要学会未雨绸缪。不久，师傅问工人攒了多少钱。"说实话，一点没攒下，"工人说，"我按照你的吩咐做了；但是，昨天下了大雨，钱都花在了喝酒上。"

一个人的自尊感能让他在没有别人帮助的情况下养活自己和家人。每个诚实、自助的人都应该自重。每一个人都是自己世界的中心。尽管个人的喜好、经历、希望和恐惧对其他人的影响微乎其微，但对这个人自己是多么重要啊！因为这些因素会影响他的快乐、日常生活以及整个状态。因此，这个人只对和自己有关的事情感兴趣，并对此深深地着迷。

若要公平合理，人就必须不断地否定自己，才能取得进取。每一个人都要担负起对别人应尽的义务，他不能把目标定得太低，而应想"人只比天使低一点点"。若他想到了自己的好运，想到了这其中也有自己的一份长久利益，想到上帝赋予自己的智慧，想到大自然赋予了爱的力量，想到地球给了自己一个安稳的家，他就不会小瞧自己。最贫穷的人也是自己心里的国王，拥有自己的一切，同样也可以开天辟地地改变并成就自己。

每个人都尊重自己，尊重自己的身体、自己的思想、自己的性格。自尊源于自爱，是提高人类品位的第一步。它激励一个人奋起，积极进取，开发自己的智力，提高自己的条件。自尊是纯洁、忠贞、尊重、诚实等美德的根源。

自助

一个人若瞧不起自己，就会沉沦下去，有时甚至会掉下悬崖，跌入罪恶的深渊。

从某种程度上来讲，每个人都能自助。我们不仅仅是漂浮在人生洪流上的稻草，还是拥有行动自由、能够阻止生活的波涛并在波涛中崛起的浪花，每个人都有为自己的人生指明航向的能力。我们每个人都能提高自己的道德修养，能够珍惜并享受纯洁的思想。我们能够有好的表现，能够冷静而节俭地生活，能够做到未雨绸缪。我们能够读好书，听从圣贤的教导，使我们沐浴在先贤的雨露之下。我们每个人都可以为理想而生。

有位诗人这样点评道："自爱和社交其实是一码事。"能改变自己的人才能改变世界。能够改变自己的人，使社会上多了一个有用的人。因为群众由无数个个体组成，如果每个人都能提高自己，那么，整个群体的素质就会越来越高。社会的发展，其实是个体发展的综合体现。存在于社会的个体无法做到统一的纯净，因此，整个社会不可能是纯净的。在整体上，社会只是个体的反映。这些不言而喻的道理，却需要不断地强调才能被人们所理解。

生活的不确定性

我们谈话的总体意思是这样的：如果我们想改变或提高别人，就必须首先始于我们自己。我们的生活一定要有信条，必须以自己为榜样来教育别人。我们可以从每个人身上看到这种结果，不管是我们自己，还是其他任何人，要想提高别人的人，首先要提高自己；要想让别人学会获得自尊的人，首先自己要学会获得自尊。

生活的不确定性促使人们做好准备，以防倒霉日子的到来。选择这样的行为，不仅是一种道德义务，而且是为社会义务和宗教义务尽心尽责。一位神父曾说："人若不看顾亲属，就是背了真道，比不信宗教的人还不好。不看顾自己家里的人，更是如此。"

生活存在着不确定性，这是无人不知、无人不晓，又是鲜有人挂在嘴边的事，可生活的道理的确如此。最强壮和健康的人，也会顷刻间遇到事故或染上疾病。如果善于观察人类生活的话，我们会发现生活具有不确定性，就像人们一定会面对死亡一样，都是确定不疑的。

在阿狄森写的《米尔扎的幻想》这篇文章中，有一段描述十分引人注目。阿狄森把人生描述成一座大约有100个拱洞的桥，乌云则遮住了桥的两端。在桥的入口处，暗中密布陷阱，只要一踏上桥，通过桥的入口时人就会掉下去。能走到桥中间的人就更少了，这样一来，人便渐渐地减少，最后只有几个人能到达桥的另一端，其余的人已经掉入了陷阱，走到桥的尽头后，景致会变得完全清晰。阿狄森的这段描述，同样适合对人生的观察和体悟。

在这个国家出生的10万人当中，经查明后发现，有四分之一的人在5岁之前夭折；有一半的人在50岁之前死去；只有1100人能活到90岁；16个人能活到100岁；就像声势浩大的船队一样，最后只有几只船能够到达彼岸，也就是说只有两个人能活到105岁的高龄。

有两件事是显而易见的，即每个人死亡的时间都有着不确定性的因素，另一个是总体上影响人们寿命的环境规律性。这个国家所有人的平均寿命大概会达到55岁，这一点是确信无疑的，已经得到了大量生活及寿命观察所的证实。

死亡规律

根据死亡概率的规律，人们对每年处于不同年龄段的平均死亡人数做了大量的观察，并通过了无数组试验数据的对比后，得出了一个个关于死亡规律的结论。统计员根据这些数据估算出各年龄段的大致死亡率，告诉人们"人类遵循着死亡规律"。现在计算的结果一定是非常规则的，可以证明统计员所说的死亡率受一定规律的支配，确实具有一定的道理。

确实，世界似乎不存在偶然性，人们的生死遵循着一定的规律。麻雀按规律掉到地上，老人濒临死亡，会默默地离开。虽然从总体上看，日常生活中的有些事情十分具有准确性，但人们认为其结果存在偶然性。例如，未写地址的信件投入信箱中的数量，写错地址的信件数量，信封里装钱的信件数量，没贴邮票的信件数量，都与邮寄信件的总量比值相关，但每年的比率基本不变。

了解身体健康的规律，并早有准备以预防不测，诸如生病、事故和早逝等问题，都会跟随着每一个人的一生。即使我们没有恶意违背自然规律，我们也必须接受惩罚。

难道就没有人帮帮我们吗

我们的身体一定要健康，造物主不会因为我们无知而改变规律，让规律来适应我们。造物主给我们智慧，让我们理解规律并按规律办事，否则，我们就得忍受违背规律带来的必然的痛苦和悲伤。

我们经常听到有人喊："难道就没有人帮帮我们吗？"喊声有气无力、充满绝望。特别是那些不能够良好地控制自己欲望的人，既不认真，也不节俭，做事养生没有节制，到最后伤了身子。当自己可以解决问题却还在这样呼喊的人加入到这个呼喊阵营之后，这种喊声有时叫人厌烦，令人感到卑鄙。

美德、知识、自由和繁荣只能由人类本身创造，许多人都明白这一道理。在本能的生活面前，法律也无能为力，法律不能让他们成为认真、聪明和健康的人。然而，多数人的痛苦却是由法律行为以外的因素造成的。

挥霍无度的人嘲笑法律。酒鬼轻易将思考和自制丢弃在一边，将自己最终的悲惨遭遇归咎于他人，公开违抗法律。暴徒的演说，常常就是将"几百万人"聚集到一个非常不靠谱的公共地段，然后振臂疾呼"难道就没有人帮帮我们吗"，却从不劝说人们养成节俭、克制自我的良好修养。

昌盛的时代

"难道就没有人帮帮我们吗？"让我们再温习一遍，其实，这样的喊声玷污了人的心灵。对于人的幸福而言，这样的喊声充满了无知。一个人想要获得帮助，必须依靠其本身。每个人生来就应该帮助和提高自己，必须实现自我拯救。即便最为贫穷的人，也能做到这一点，为什么我们就做不到呢？勇敢、向上的人，永远会立于不败之地。

在英国，拿高工资的员工很多，他们可以轻松地攒钱，也可以靠节约来提高自己的道德品质、社会声望、独立自主意识和社会地位。在某种程度上，他们并没有先见之明，以致挥霍无度，这样的坏习惯，对其本人及家人造成的损害不亚于对社会造成的影响。

在顺境中，这些高薪水的人毫无顾忌地消费；当逆境来临时，金钱没有物尽其用，而是肆意挥霍，于是他们就会陷入痛苦的境地。在大多数情况下，工薪者应该为晚年或日益增长的家庭需求做准备时，这些人却把钱都挥霍干净。不要说这言过其实，那么，请看看我们周围，就能看到人们花销有多么大，存款却多么少。这些挥霍的人将大部分收入花在了啤酒店，存到银行或捐给慈善机构的钱却少得可怜。

最拮据的时候

盛世常常也隐藏着危机。盛世时期，工厂全天开工；男女老少的报酬很高，仓库被腾空归档，货物得到生产加工，然后销往国外；满载货物的卡车穿梭于大街小巷；运载货物的火车飞驰在铁路沿线；运载货物的轮船每天离开港口，驶往海内外。

人们的生活似乎更加富裕、兴旺，但是人们没有想到，自己是否真的越来越聪明，自制力是否越来越强，技术是否越来越熟练，目标制定得是否越来越高，人们是否只满足于动物的强烈欲望了？如果我们仔细分析这种表面上的繁荣，就不难发现自己在各方面的花销呈递增状态，对薪水的需求也越来越高，刚赚到的薪水很快就会被花掉。

这种不加节制的习惯一旦养成，就会无休止地持续下去。增加的工资非但没有积攒起来，反而会大部分流失到他人的腰包。

国家的繁荣

因此，当人们变得粗心大意、目无远见的时候，物质的繁荣对他们来说便显得毫无益处。除非这些人极富远见、生活节俭，否则，他们就会陷入饥饿和崩溃的状态。过度繁荣之后，通常会出现萧条，当生意萧条时，这些人认识到繁荣时代不会长久，本来可以攒些钱，但是没有攒到，便会时常感到烦恼、郁郁寡欢。

如果一个人的主要目的是生产布匹、丝绸、棉花、硬件、玩具和瓷器，或是耕种土地和放牧牛羊，或仅仅是赚钱、攒钱和花钱，那么，我们可以为国家的昌盛庆贺。但是，请问：这就是人类的主要目的吗？除了人体感受之外，人就没有感觉、情感和同情心了吗？除了吃饭睡觉之外，人就不需要思想和感情了吗？除了欲望之外，人就没有灵魂了吗？除了繁荣昌盛之外，人就不需要提高身体素质和智力了吗？

金钱本身并不能成为繁荣的象征。也许，一个人的本性很难改变，但是这个人将消费增加到一倍或数倍，性格的成长或许会发生扭曲和变形。这个道理同样适合于社会。除非人们的道德品质与物质进步保持同步增长，否则，收入的增长仅仅为人们提供了更多的谋生手段，借以满足人们动物般的欲望。假如一位未受过教育并努力工作的人，在繁荣时期的收入增加了一倍，结果又能怎么样呢？只不过是为他提供了方便，让其多吃点、多喝点而已！因此，即使政治经济学家所说的"国家昌盛"，也不能保证人们的物质生活。除非人们的道德品质得到重视，否则，这种"昌盛"有可能招惹更多的是非、带来更加恶劣的后果。

只有知识和美德才能赋予人们生活的尊严，象征一个国家真正繁荣的唯一标志，就是这个国家持续增长的知识和美德。恰恰相反的是，许多国家不重视知识和美德，反倒无限制地扩大印花棉布、玩具、硬件和陶器的生产量和销售量。

在前面所作的评论中，我都一直坚持让人们避免养成吝啬、安于贫穷的习惯。因为人们讨厌微不足道的小人物和吝啬鬼，人们也认为，每一个人都应该为自己和家人的将来做好准备。人们应该未雨绸缪，应该存一些钱以备将来之需，存点钱以备养老，并保持自尊，提高自己的社会地位和社会价值，以便过得更加舒适和快乐。

无论如何，节俭不会与守财、高利盘剥、贪婪或自私有任何联系。实际上，节俭与这些可恶的品质恰恰相反，它能够让一个人保持独立和自由。节俭要求金钱得到有效使用，而不是滥用，即"诚实挣钱，节约使用"。

因此，不要把钱投到对冲基金中，而应该用于获得独立存在的特权。这便是我的理解和建议，也是节俭的真正目的。

节约的方法

人们极富智慧地冠以罗马人"勇敢"和"美德"的称号。实际上，如果一个人不能战胜自我，那么，这个人便毫无美德可言，并且，轻而易举得来的东西永远也没有价值。

——德·迈斯特

与低级动物相比，人们所拥有的一切优势都来源于自己与同伴协同工作的力量。通过共同合作努力，才能完成个体所不及的任务。

——J.S.米尔

将来，在更大的范围内，社会安全主要依赖于分配财产及利于财产分配的措施。随着财产的拥有，人们将变得保守，讨厌鲁莽冒失的计划……因此，在很大程度上，我们相信农民正在逐渐变成财产所有者，城市居民正在逐渐演变成资本家。

——W.R.格雷格

定期记账

节约的方法很简单，不要入不敷出，此乃首要规则。每一个懂得节约的人，都应收起部分收入以备将来使用。那些支出大于收入的人，被民法冠以挥霍无度的疯子，并常常剥夺其事务管理权。

我们呼吁，每一个消费者在消费的时候，千万要付现金，不要记账和负债。当欠债欠到一定程度时，欠债人本人容易变得不诚实，"还债使人致富"。

我们还呼吁，收入不确定时，勿提前消费，因为这种收入也许永远不属于你。如果非得提前消费，你就会负债累累，也许永远无法摆脱。这样的命运，就像辛巴达（《天方夜谭》的人物）故事里的那个老头一样蹲在你的肩上。

另一个节约的方法，就是定期记下你的全部收入和全部花费。一个有条理的人，必须预先了解自己的需求，然后为此做出必要的准备。只有这样，他才会量入为出，他的家庭预算才会保持平衡。

约翰·韦斯利（1703年6月17日—1791年3月2日），英国国教神职人员、基督教神学家、卫斯理宗和卫理公会的创立者，便采用了这种做法。虽然韦斯利的收入不高，但他一直关注自己财务的发展状态。在韦斯利去世的前一年，他用颤抖的手在自己的支出日志中写道："86年多以来，我一直在认真记账。我不介意继续记下去，因为我相信节约能够支配我全部的收入，我也可以全部给予自己所拥有的一切，因为我懂得了节约，也懂得了节约的意义。"

慷慨与远见

除了这些节约的方法，每家的男主人或女主人总要注意不要丢东西，每件物品都要物尽其用、摆放整齐，所有事情的处理都要得体、有序。即使对地位最高者而言，关心自己的事也没什么丢人的。对中等收入的人来说，监督每件事是必要的，恰当地处理事务也是绝对必要的。

明确节约的范围，显得十分困难。培根说："如果一个人能在其收入范围内生活得很好的话，其花销不该超过收入的一半，然后将剩下的钱积攒起来。"这种要求也许太严格了，并且培根本人也没做到。一个人要用收入的多少来付房租呢？估计得依据实际情况而定。但是，不管怎样，攒钱要多于花钱。一个人也许容易改掉多攒钱的毛病，但要克服多花钱的缺点就非易事了。无论在什么情况下，对人口多的家庭来说，攒的钱越多总是越好。

贫穷者更需要节俭，但对中等富裕的人们来说，节约也是必不可少的。没有节约，人就不可能慷慨。不会节约的人，也不可能参加社会上的慈善活动。人如果花掉了所有收入，就不可能帮助任何人，不可能很好地教育自己的孩子，也不可能让孩子们在生活中有个良好的开端。培根的例子说明，即使最智慧的人也不能无视节俭。但是，每天又有上千人证明，即使智力最平庸的人也能成功地厉行节约。

谨慎节约

虽然美国是一个勤劳肯干、自力更生的民族，他们相信自己有能力并依靠自己的努力能维持自己的生活和促进世界的进步，但是他们易于忽略改善自己的地位、保证自己的社会福利。他们所受的教育还不足以让自己做到自我克制、精打细算和深思熟虑。他们只为今天生活，不考虑未来。那些为人夫和为人父母者，一般认为如果他们为现在做好了准备，就算尽到了义务，因此他们便无视将来。虽然他们工作很努力，他们却缺乏远见；虽然他们能赚钱，却挥霍无度。他们对将来缺乏先见，欠缺谨慎、节约的美德。

然而，社会各阶层的人都很少关注此类想法。他们常常入不敷出，"只要够花就行"。上层社会的生活过于炫耀；上层社会的人必须保住自己的"社会地位"；上层社会的人也必须住在漂亮的房子里，骑好马、坐好车、设盛宴、喝好酒；上层社会的太太们身着昂贵、华丽的衣服，因而浪费的大军变得势不可当，碾过破碎的心，最后滋长了浪费的野心。

这一切，都标志着邪恶即将席卷社会。中产阶级努力模仿贵族阶层，炫耀自己华丽的顶饰、服饰和马车的装饰。中产阶级的子女一定要学习一些技艺，即遵循社会礼仪，或骑马或驾车，频繁地出入歌剧院。在他们炫耀风靡一时后，便会攀比成风，因此，愚蠢和邪恶如波涛在社会上涌动。当邪恶再次降临时，工人阶级也不攒钱了，确实，相比于中产阶级，他们的收入要少得多，但是，他们即使能够节约，也不够仔细，做不到未雨绸缪。然后，他们却靠着救济院提供的少量帮助苟活着，不至于饿死街头 。

3 | 自力更生的人

　　一个人的成功绝不取决于出身、财富、地位等所谓"与生俱来"的优势。成大事的人并非出身最好的人，除非"好"在心灵高尚、志向高远。而那些普普通通、平平凡凡的人，却如骏马一样勇往直前，他们从无名小卒，甚至贫困潦倒，到名利双收的成功者，在这条长路漫漫的征程里，不管曲折也好、灿烂也罢，他们总在拼搏进取。

每每读到那些依靠自我天赋和努力在某个领域有所成就的名人自传时，我们无不大受鼓舞，倍感振奋。他们的成功足以证明：上帝赋予了人们积富扬名所需的特质与能力。然而，一个人的成功绝不取决于出身、财富、地位等所谓"与生俱来"的优势。

在历史的扉页上流芳的人，通常是一些出身平凡、不图财富、不畏艰难的人。这些人内心纯净、品格高尚，常常出淤泥而不染，他们无所畏惧、心无杂念、脚踏实地实现着多彩、殷实、美好的生活理念。他们从不幻想、从不奢望，哪怕遇到不测风云卷走了原有的美好，也会大不了重整旗鼓、从头再来。

成大事的人并非出身最好的人，除非"好"在心灵高尚、志向高远，而那些普普通通、平平凡凡的人，却如骏马一样勇往直前，使得"名誉之光闪耀于不远"。

对于这些人而言，每个合理的目标都可能实现，其坦荡抱负皆才学使然，从来没有顶点。从无名小卒，甚至贫困潦倒的人，到名利双收的成功者，在这条长路漫漫的征程里，不管曲折也好、灿烂也罢，他们总在拼搏进取。

从农民到总统，亚伯拉罕·林肯跨越了鸿沟，成为美国总统，美名永传。安德鲁·约翰逊原本是个裁缝，依靠一步一个脚印，当上政府高官；乔治·皮博迪在年轻时是个乡村店铺学徒，却成为百万富翁，其对慈善事业的贡献让人敬仰；约翰·约伯·奥斯塔从皮匠起家，发展成一代富豪；A.T.斯特沃德从普通教师到国内最大的干货商人，跻身世界富人之列；赛勒斯·W.菲尔德由年轻时的小职员，成就了第一条跨大西洋的电报电缆，为世界做出了巨大的贡献；塞缪尔·F.B.莫斯，本是个艺术工作者，却发明了电报；艾利胡·本杰明·沃什伯恩在年轻时还在印刷厂工作，随后慢慢谋得政府要职；德怀特·L.慕迪，从芝加哥城卑微"无知"的传教士到伟大的福音家，为英美基督教注入了生命与活力，并为当时最有学问的知识人传教授道；从制革工人，到伟大杰出的将军，再到两任美国总统，尤利西斯·格兰特的能力和爱国精神深受美国民众爱戴，并享誉全球；查尔斯·狄更斯从新闻记者到伟大的小说家，其作品家喻户晓，远近闻名；农民出身的文学泰斗托马斯·卡莱尔，人称"切尔西教授"，其著作和演讲深有远见，靠着敏锐的洞察力，深受各个阶层的人们所喜爱。

下面介绍几位杰出人物，且看他们是怎样凭借坚韧的毅力克服了重重困难，突破险阻，最终成就了大事的。

伊莱休·本杰明·沃什伯恩

如果说"血液能渗透个性"，那么，伊莱休·本杰明·沃什伯恩正应了此话。他继承了其父母的良好品质，成就了自己的一生。沃什伯恩出生于伊利诺伊州的一个农民家庭，曾做过印刷厂的学徒、律师，当过政治家和外交家。提到美国人的杰出代表，沃什伯恩必在此列。沃什伯恩的父亲伊斯雷尔·沃什

伯恩是马萨诸塞州人，德高望重，正直可靠。在1806年，他们家搬到缅因州，3年后又搬到牛津县的利弗莫尔定居，1976年9月92岁时，沃什伯恩的父亲逝世。沃什伯恩的母亲是塞缪尔·本杰明的女儿，她与其父亲一样，是一位清教徒，在美国独立战争期间做出过重大贡献。沃什伯恩有两个哥哥、四个弟弟，好几位都做过政府高官。

1816年9月，沃什伯恩生于牛津县的利弗莫尔。年少时，他便感受到了人间冷暖、世事变迁，不断与周遭不平之事做斗争，这不仅有趣，更让他深受教育，懂得了很多。在孩提时代，沃什伯恩就知道生活中没有废物，并非《维克菲尔德牧师传》里所说，永葆明智、永不厌倦之人才是有用之人。沃什伯恩7岁时就在父亲的小店里做些力所能及的事，比如集碎石、搬木头、从秃草地上捡石头等琐碎杂事。沃什

伯恩只在冬季和夏季能够有机会上学几个星期，收获甚少，而在父亲的小商店里，却学到了各种有用的东西。

1833年6月，沃什伯恩找到了在报社当学徒的工作。《基督的智者》在加德纳出版，从此，沃什伯恩得到了飞快的进步。除了学习报业本行外，他还学到了各门类的知识。当时正值政治热潮，报社恰恰是政治讨论的载体。沃什伯恩很快成为炙手可热的新闻写手，对所有选举皆可深度剖析。沃什伯恩的父亲曾指责安德鲁·约翰逊完全不适合当总统，因其藐视法律，践踏司法公正，在佛罗伦萨没有法院判决的情况下就将人处死。受父亲影响，沃什伯恩从小就反对民主党，后来成为共和党领导人之一。

在报社工作期间，他在日记中写道：岁月荏苒，我却很得意于事业的发展。我可以迅速定稿，并开始涉足传媒业。在工作之余，我拥有闲暇的时间，借以学习和阅读。我养成了读报的习惯，阅读各种报纸，这个习惯从未中断过。我从没浪费时间，争分夺秒地汲取知识。对于一个渴望知识的年轻人来说，印刷厂是最好的地方，好过任何一所学校。在《基督的智者》出版这一年中，我所学到的东西要多于生命中任何一年，对于这一点，我很满足。

遗憾的是，沃什伯恩的良好状况没能持续多久。报社倒闭，沃什伯恩失业了，工作又很难找。但是，沃什伯恩没有因此而绝望，而是回到老家后，通过了一个严格的考试，并在朋友的帮助下，成为了当地一所学校的老师，月薪只有10美元，并要求在当地家庭中轮流住宿。于是，不满18岁的沃什伯恩肩负起了管理学校的责任。很多学生年龄比他大，身体比他强壮，其中也不乏一些不学无术的捣蛋鬼。

　　就在沃什伯恩就任前的那个冬天，一些闹事学生离开学校，迫使学校关闭。作为年轻的校长，沃什伯恩想方设法避免与他们冲突，尽力和解，终于成功地化解了矛盾。然而，在学校的第二周过后，沃什伯恩发现了一些学生造反的苗头，便下决心要给那些没事找事的学生点厉害瞧瞧。很快机会来了，沃什伯恩要求学生背诵课文，而一个年龄较大、颇为顽劣的学生不仅不听从老师的安排，还无礼地嘲笑沃什伯恩。年轻的沃什伯恩一声没吭地从座位上跳起来，拿起惩罚尺，劈头盖脸地打向那位无礼挑衅的学生，直至其求饶。在这之后，那些顽劣学生都乖乖听话，再不敢无端惹是生非了。从此，沃什伯恩再也没有享受维持纪律的待遇。

　　3个月的教师生活结束后，他得到了30美元的薪资。经过一番努力，他在位于缅因州首府奥古斯塔的肯纳百科报社找到了一份学徒的工作。这家报社当时是辉格党的直属机构。沃什伯恩工作十分努力，有时加班到凌晨两三点钟。立法会议期间，报纸每周发行3次。正当沃什伯恩感到工作得心应手、快乐满怀时，突然而至的病痛让他不能再做这一行。这是个巨大的打击，但失望之余，他走进了另一项事业。带着一贯的激情，他决定学习法律。1836年春天，离开肯纳百科报社后，他带着积凑的一点钱来到了肯斯希尔学院，只要经济允许，他就在这里坚持学习。

　　1836年至1837年的冬天，沃什伯恩学习了拉丁语和法语，并从未间断地进行广泛的阅读，还参加了演讲团，进步飞快。后来，沃什伯恩加入了奥蒂斯律师事务所。奥蒂斯是位知名的律师、国会议员，住在翰龙威尔贵族区。沃什伯恩的勤奋、诚实和抱负，深深地打动了奥蒂斯，于是他让沃什伯恩住在自己家里，还在经济上接济沃什伯恩。沃什伯恩备考剑桥法学院时，奥蒂斯同样给沃什伯恩以经济支持。

1838年1月，辉格党拥有多数议会席位，年轻的沃什伯恩在朋友们的激励下，申请议员助理的职位，日薪2美元，这样的薪资对他来说简直太仁慈了。虽然沃什伯恩最终没有竞聘成功，但国务卿给了他一些写稿子的差事，这位国务卿就是后来他的议会同事。1839年3月，他考入了当时最受追捧的剑桥法学院，当时最有名的审判官司道瑞和西门格林利夫都在此任教。在这所学院中，后来有很多人都成了当时美国的名人。

沃什伯恩在剑桥学习了一年有余，通过了一个严格的考试，然后可以参加法院工作了。然而，沃什伯恩却决定改变过去的生活方式，决心前往西部闯荡。沃什伯恩凑了些路费，雇了位保姆为自己洗洗涮涮，便开始了西部之旅，当时，沃什伯恩并没有确切的安身目标。

西进途中，沃什伯恩经过华盛顿，在那里，他第一次进入了上流社会，这种经历让他印象深刻。多年之后，他这样描述他的首次旅行："美国的参议院当时处于权力的顶峰，看看当时的议员，不错，'那时就有伟人'。格雷、韦伯斯特、卡尔霍恩、本顿、普莱斯顿、布坎南、麦克达非、塞拉斯怀特，这些议员在35年之后仍然让我记忆犹新。"

尽管在华盛顿过得很愉快，但年轻的沃什伯恩并不能久留。看着钱包越来越空，他意识到得继续前行才是。于是，沃什伯恩告别了华盛顿，途经荒郊野岭，艰难跋涉，经过长时间的河上之旅，在1840年的春天，来到了伊利诺伊州的格莱纳，这正是他后来有所作为之地。

　　刚到格莱纳时人生地不熟，沃什伯恩没有朋友、没有钱，除了良好的英语教育背景、丰富的经历和刚毅的性格外，可谓别无他物。但是，谁也没料到，就是在这种一穷二白的状况下，他随着大西部的发展而发展，不仅立足美国，而且扬名世界。格莱纳当时拥有1800人，商业繁荣，而且是美国大型矿业中心。当地法院是伊利诺伊州最负盛名的法院之一，作为来自东部的年轻律师，初来乍到便跟一些业界精英共事，沃什伯恩必须竭尽全力使自己立足。到格莱纳不久，便发生了轰动一时的哈里森运动。作为忠实的辉格派，沃什伯恩发表了无数支持辉格党的演讲。

　　1844年，他被推选为辉格国会代表。在巴尔的摩举行的选举议会上，他以无限热情推选亨利·克莱为领袖。实际上，沃什伯恩一直是克莱的忠实支持者。会议之后，沃什伯恩前往华盛顿看望克莱，祝贺他得到提名。这是他们第一次见面，克莱那高大的身材、高雅的举止和亲切的个性，都让沃什伯恩印象深刻。

　　这段时期，沃什伯恩积极投身于政治。你一定会认为沃什伯恩忽略了法律本行，其实并非如此。沃什伯恩热衷于法律，并且成绩斐然。他不仅在当地法院任职，还在距格莱纳四五天车程的伊利诺伊州首府春田高等法院工作。然而，在1848年，朋友们推举沃什伯恩为格莱纳区的国会候选人，当时格莱那区还包括现在圣路易斯区的一半辖区。最终，在罗克岛举行的选举会上，贝克获得了提名。

　　尽管提名失败，但是沃什伯恩并未消沉，而是更有干劲，他的名声也越来越大。1852年，沃什伯恩再次成为辉格党国会代表，强力抵制奴隶制对议会的影响，积极主张并辅助斯哥特的提名。也正因为如此，在两年后的格莱纳区改选会上，沃什伯恩得到了国会提名。他以极大的热情在区内拉票，并以286票的高票当选，这让竞争对手颇感意外，也超出了选民意料。

上任后，沃什伯恩肩负着民主使命，一丝不苟地履行职责。以前，跟多数年轻人一样，沃什伯恩并不觉得自己责任的重大，但上任之后，沃什伯恩尽职尽责，发表了6次准备充分的演讲。每次讲演之前，他都会独自在屋子里专心准备。沃什伯恩善于观察周围的人，也深知法国谚语"机会留给有准备的人"的含义。沃什伯恩的首任议员代表工作非常成功，不仅代表一党，更代表该区的所有人民。1854年，沃什伯恩以5000多票当选议员。1855年，在下一任议会的首次例会上，沃什伯恩当选为商务委员会主席。沃什伯恩脚踏实地，尽职尽责，工作极为出色。两年后，沃什伯恩第三次当选为议员。议会期间，宾夕法尼亚州的格鲁撒和南卡罗来纳州脾气暴躁的劳伦斯打了起来，在众议院的过道上，劳伦斯对格鲁撒大打出手。南卡罗来纳州妄想控制宾夕法尼亚州，但他们想错了，格鲁撒给了他们响亮的回击。在场的所有人都被这一场面震住了，等他们缓过神来，其他南方议员都冲过去帮助他们的领袖，这也是他们一贯的作风。但是，劳伦斯先生也有保护者，这很出乎南方人的意料。很多精壮的北方人也过去支持他们的领导，其中最显眼的就是沃什伯恩了。他用自己那新英格兰农场辛勤劳作练就的结实有力的拳头左右挥舞，着实让傲慢的南方人明白了泥土中长大的北方佬不是好欺负的。

这一小插曲给沃什伯恩带来了好处，等到再次改选时，沃什伯恩又一次以高票当选为格莱纳区代表。1860年，沃什伯恩第五次当选为议员代表，以13500张的票数创了新高，这也是美国众议院中当选票数最多的几次之一。

随之而来的一次次选举，沃什伯恩无不大胜。先是领导商务委员会，而后又掌控战略委员会。沃什伯恩极富远见，又有才识，他知道南北战争得长达数年，而不会只在一个月后就结束。人们也认为他是林肯总统的下一个朋友，实际上，沃什伯恩代表众议院，与内阁的苏厄德先生一起辅佐总统是他的责任，这也是他参选后第一次前往华盛顿。

最终，林肯众望所归，顺利就职，但不久便爆发了南北战争，整个华盛顿陷入了一片混乱。奴隶制的政权势力迫使人们进行长期艰苦的反抗，在此期间，沃什伯恩是国会的先锋人物。沃什伯恩接二连三当选为议员，最后，因为连任期满而不能再当选，因此成为"众议院之父"。沃什伯恩在斯凯勒考法斯演讲过3次，在布莱恩演讲过一次。他积极参与并推动通过当时战争期间的立法，并总是英雄般地廉政为公，加之胜任了各种工作，被赋予了"财政督察"的称号。

沃什伯恩可谓是格兰特将军的伯乐，后者曾是沃什伯恩的选民，后者的每次升职都或多或少源于沃什伯恩的推荐。首先要说一说格兰特是如何成为伊利诺伊州志愿军准将的。当时该州拥有36个军团，需要9个准将，于是林肯总统便叫各个伊利诺伊州的代表、内阁和议会成员推荐9个空缺职位人选。代表们被召集到塔姆鲍尔的办公室，讨论完选择方式后，决定应该按序召集各个区议员，然后各个议员推荐自己的候选人，再由其他成员投赞成票或反对票。格莱纳区是第一个被召唤的，沃什伯恩推荐的是格兰特上校。其他代表并不认识格兰特，但为了讨好沃什伯恩，所有人都表示赞同，这样格兰特获得一致通过，成为总统所招设的9个职位的第一人选。当上准将的格兰特业精德高，也是提拔到总将军的不二人选。后来，在沃什伯恩提携下，格兰特又陆续当上陆军中将和美国军部总司令。沃什伯恩致力于制订和推动议案的通过，第一个邮政电报议案就是沃什伯恩推动施行的，此议案提议建立国立墓地。

从默默无闻到名利双收，格兰特对沃什伯恩的提携感激不尽。1869年，格兰特当选为总统。他第一件事就是任命议员沃什伯恩掌管其内阁事务，这正是格兰特用人方式的特别之处。就连沃什伯恩本人也根本没料到总统让他就任如此要职。伟大的伊利诺伊州议员，在总统就职后立即坐在了首都华盛顿财务委员会的办公室，接任了已故的泰德·斯特文斯的职位，与豪瑞斯、格瑞雷以及其他绅士一起商讨总统格兰特如何组建内阁。就在他们讨论正酣时，参议院的干事进来说："沃什伯恩先生，有一些重要的行政任命。"

沃什伯恩接过干事员递过来的文件，大吃一惊，上面这么写着："任命伊利诺伊州的沃什伯恩为国务卿。"

"同志们，问题终于解决了，不用讨论了，国务卿的人选，格兰特总统选择了我，真不敢相信。"沃什伯恩对在场的刚刚还和他一起商讨的绅士们说道。

需要强调的是，沃什伯恩也是刚刚获知自己被任命为国务卿。之前，他对格兰特总统的打算并不知晓。

因为要去内阁工作，沃什伯恩不得不结束其议会生涯，依依不舍地告别了他的选民。20年来，沃什伯恩和选民们互敬互爱，感情深厚。沃什伯恩不情愿辞职，不只是因为不能继续深受好评的议员工作而感到遗憾，也因为自己的身体状况不大允许就任刚被任命的新职位。这个担心很快便显现出来。上任不久，繁杂的工作便使沃什伯恩的身体吃不消了，他彻底认识到国会工作远非自己身体所能承受的，因此他辞职了。

之后，格兰特总统给沃什伯恩安排了一份较为轻松的工作——驻法国大使，沃什伯恩接受了这份差事。

由于身体差，需要多休息，沃什伯恩辞去了国务卿职务，接受了法国大使一职。事实上，上任几个月后，沃什伯恩就发现这个新职位也是相当劳神费力的，甚至是危险的。

经过沃什伯恩有理有力的呼吁，被困在法国的归心似箭的德国人得以释放。1870年9月2日，在给美国国务卿的信中，沃什伯恩谦虚地评述这一成绩："大部分德国人已经离开了法国。公使馆为约3000人发放了护照并给予安全疏导，北德联邦公民终于离开了法国。我们为8000人发放了前往普鲁士边境的火车票，并为其中一小部分人发了点现金。您应该能体会到，在过去的几周中，我们为此付出的艰辛和努力。现在我主要致力于照应遭逮捕入狱的德国人。因为人员众多，但我的请求都迅速有效，我所申请的每个人都能得以释放。"

面对战火纷飞的巴黎，面对公社统治，沃什伯恩果敢地坚守岗位。几乎所有别国代表都担心生命不保而惊慌归国，唯独美国大使留了下来。爆炸时常在沃什伯恩办公室的不远处发生，他的身边不时着火和倒塌，但他仍然没有背弃国家对其留守的信任。从沃什伯恩的公寓窗户，就能看到战火中的巴黎：首都街道流淌的鲜血；中枪倒下的人民；日日夜夜听到酒蒙子的嘶吼及奄奄一息的呻吟。但是，即使在这样恐怖的环境下，沃什伯恩已然坚守在岗位上。

在法国战火硝烟和巴黎公社的残酷统治下，沃什伯恩英雄般的胆识和作为让人感动不已。沃什伯恩所帮助过的成千上万名的德国公民、德国政府及其他几个国家的官员、政府，更是对沃什伯恩充满了无限感激之情。

实际上，沃什伯恩在任普鲁士驻法大使近一年的时间，一直保护着德使馆的权益，为在法国的德国人谋利益。

沃什伯恩办事周到，这个事件足以说明。在法国战乱初期，伯恩赛德将军和保罗·福布斯突然来到法国，伯恩赛德现在是美国罗得岛的参议员。俾斯麦在写给沃什伯恩的信中说，感谢沃什伯恩准许伯恩赛德和保罗两位杰出绅士来到巴黎，并赞许沃什伯恩的宽容大度，但沃什伯恩这样说："您友好地给我们那么好的雪茄，其实，我们的慷慨已经得到了回报。"

战争结束后不久，威廉帝王想授予沃什伯恩象征最高荣誉的红鹰勋章，并附赠一颗价值不菲的工艺精美的星形宝石。但是，美国宪法禁止美国大使接受外国勋奖，沃什伯恩只能回绝了他的好意。但在沃什伯恩返美前夜，一心想表示感谢的帝王还是送来了自己的肖像和一封高度赞扬的信函。

海耶斯总统上任后，驻法9年的沃什伯恩回到了祖国，定居在芝加哥，过着普通人的平静生活。沃什伯恩依然精力充沛、刚毅坚强、钻研文学。在沃什伯恩雅致宽敞的图书馆里，有很多罕见的雕刻、书籍和各种语言的稿件。沃什伯恩总是和蔼可亲地接待拜访他的人。虽然长期在国外的贵族圈子生活，但沃什伯恩丝毫未变，依然是那个勇敢、直率、亲和的美国绅士。沃什伯恩是依靠自我努力而获得成功的具有代表性的美国公民。从他身上，我们可以看到：在这样的自由国度里，出身卑微的人同样可以成就伟大。沃什伯恩集很多荣誉于一身，而每个荣誉都可谓实至名归。

德怀特 · 莱曼 · 穆迪

　　毫无疑问，德怀特 · 莱曼 · 穆迪是现代最为著名的传教士。穆迪于1837年2月5日出生于马萨诸塞州的诺斯菲尔德，父母社会地位很低，受过的教育非常有限。穆迪的母亲慈爱，信奉基督教，在母亲的正确建议和虔诚的祈祷下，穆迪受到了很多宗教教育。穆迪的宗教信仰塑造了自己的人格，使他在偌大的基督教界，给上万人的心灵带去了安慰和天堂般的安宁。人们无论出身卑贱还是高贵，都曾倾听过这位救世主简单、认真而又自然的布道。

　　在很小的时候，穆迪先生就离开了出生地，到了波士顿。一个人在陌生的城市，穆迪很快就养成了独立自主的精神，学会了多种才能，这种性格伴随着他的事业，使他作为一名改革家和宗教领袖在众人中脱颖而出。虽然，穆迪在诺斯菲尔德经常参加诺斯菲尔德唯一的神教会，但到达波士顿后，穆迪似乎不再对某个特别的教派或信条持有某种明显的看法或偏爱，因为在波士顿，穆迪加入了公理会，并经常前往该教会的星期日学校。在波士顿，穆迪在一位忠诚的老师的帮助下，为那些讲英语的国家的同事们送去了福音。

在波士顿小住之后，由于渴望更好的生活条件，穆迪于1855年下半年来到了芝加哥。他在芝加哥的事业是众所周知的，即通过勤奋、细致的工作，将真正的基督徒的美德渗透到所有的行动中，并赢得了老板的信赖和同事们的尊重。虽然穆迪需要仔细做好商店的工作，但他还是抽空寻找机会以极高的热情参加教会活动，这种崇高的美德似乎昭示了他的整个灵魂，并使他很快在芝加哥的每个重要宗教活动中受到瞩目。作为基督教青年会的积极分子，他尽一切努力拉近了男女信徒的灵魂与基督的距离。众所周知，正是由于穆迪在教会勤奋和孜孜不倦的工作，公理会才会成为今天的一个有用的组织。由于穆迪在该团体非常出色的工作，给人留下了很深的印象，获得了该组织成员的好评，最后当选为公理会主席。

1862年8月，穆迪先生同芝加哥的爱玛·C.利威尔小姐结婚。利威尔小姐有良好的素质，有品位、有才华，对穆迪的工作很有帮助。他们可以说是天生的一对，他们的家庭欢乐、幸福，而且信奉基督教。

但是，穆迪先生的工作也曾受到打断和干扰。一场大火吞噬了整个城市，卷走了穆迪幸福的家，使他周围的人失去了做礼拜的教堂，让他深爱的孩子们不能前往星期日学校上学，而孩子们是多么珍惜这上学的权利呀！在大火过后的城市，到处是困惑、怀疑和贫困。许多人放弃了教会的工作，而穆迪将教会工作进行到底的决心似乎更加坚定了。法威尔·豪尔向大火屈服了，而穆迪先生和朋友们不但没有被火灾吓倒，反而精神抖擞地投入到工作中，在废墟上建立了一个更加辉煌的教会。

穆迪先生性格中最突出的特点是自己对毕生事业的全身心投入，他完全依赖上帝，能让人们想起贫苦的渔民在上帝的指引下完全信赖自己。穆迪背起十字架，给人们讲授福音书。这一点，穆迪确实做到了。伴着只有崇高的思想才能激发的英雄主义，穆迪放弃了世俗的召唤以及世俗利益，他郑重声明要将自己的一生献给上帝。虽然朋友们抗议并恳求穆迪放弃计划，但都无济于事，只能听见穆迪的回答："这是上帝的旨意。"

穆迪的想法得到了艾拉·D.桑奇先生的支持，桑奇先生优美的歌声和对简单基督教歌曲的演奏吸引了几千人的注意，让他们的灵魂得到了丰富和升华。这两个人不收报酬，仅仅依靠上帝来获得他们所需要的东西，他们在芝加哥共同合作了两年之后，作为传教士接受邀请出访了欧洲。

两个人于1873年6月17日在利物浦登陆，展开了十字旗，让全世界都了解了他们不同寻常的成功。在伦敦、伯明翰、曼彻斯特、利物浦、格拉斯哥和爱丁堡，在整个大不列颠及爱尔兰，穆迪伟大的基督徒品格，向人们做出的认真而又简单的承诺，为耶稣赢得了群众的心，并使人们放弃了偏见。穆迪保证如果人们愿意通过遵从救世主的指引，要求正派人的调解，不管是最普通的人还是最显贵的人，都会使自己得到拯救。无论是勋爵们还是女士们，有教养的人们还是文雅的人们，各时代神学界位居高位的教授们还是社会各界的劳动者们，都热切地围在穆迪的周围，听穆迪用朴实无华的语言讲述古老的故事。

两个人在国外待了将近两年后，回到美国稍事休息，于1875年9月9日又开始了在马萨诸塞州的诺斯菲尔德的工作。他们在英国的杰出工作，为他们在国内的成功铺平了道路，在国内无论他们走到哪里，都会受到众多信众的热烈欢迎。

他们在美国的第一次重大聚会，是在1875年10月24日的星期日，选择在布鲁克林溜冰场举行。当时，场内聚集了约1万人，场外有2万多人却进不来。

从一开始，人们就对他们的活动产生了极大的兴趣，人们非常渴望参加他们的礼拜，每次聚会都有几千人挤不进去。11月21日开始的费城聚会，1876年2月7日在纽约市开始的工作，都相继取得了同样的成功。

这两个人的宗教事业无论在东部各州还是在欧洲，其收效都是无法估量的。已经合上的《圣经》又被郑重地打开了，今天他们神圣真理的光芒照亮了许多人。传教士的精神以崭新的面貌有效而快速地形成了。

在芝加哥落成了一座巨大的能容纳7000多人的教堂，这座宽敞的教堂天天爆满。由于举行这些聚会，几百名新成员加入到了芝加哥的各个教会。

所有前面提到的伟大复兴，都是由一个淳朴、没有受过教育，但是认真而又忠诚的员工在主的葡萄园中完成的。

如果你想走同样的道路，就仔细研究一下穆迪先生的生活，看看你周围是否有做好事的机会，如果你很想成为一名商人，那就记住你真正想要得到的位置就是你会做得最好的位置，因为没有人能在自己不喜欢的职位上取得最大的成功。

我们附了一篇题为《"沙滩"上的学校》的短文，在这里，穆迪先生在这所学校中受到了训练，并让其忙碌的一生流光溢彩。

芝加哥"沙滩"上的学校

穆迪先生开办芝加哥教会星期日学校近20年，这所学校对他来说，也是一所培训传教士的伟大学校。穆迪先生在当时，还是一家批发靴子和鞋子商店的销售员。其间，穆迪先生努力工作，力争比其他店员卖出更多的货，到了星期天更是如此。穆迪先生雇了4名普利茅斯教会会员，他本人也是该教会的成员，到了星期天早晨，穆迪先生把寄宿处、沙龙和街道拐角处耙平，让年轻人坐进来。下午，穆迪先生又投入到星期天学校的工作中。招生是穆迪先生的强项，他发现一所又一所学校似乎都需要自己的帮助，据说在穆迪先生的帮助下，建成了十几所学校。那时，像穆迪先生一样能轻松地往来于各个教派的人简直太少了。对穆迪先生来说，一所学校是归卫理会管理，还是归公理会或长老会管理关系不大，穆迪先生总能把街上的流浪儿送到星期天学校。

穆迪先生工作中的烦恼是，那些最需要星期天学校教育的青少年，却很难说服他们回到普通学校去，或者说他们一旦进了普通学校，就不能留在星期天学校了。他们太难以驯服了，他们待在衣着整洁、彬彬有礼的孩子中间，便感到心神不宁、极不自在。因此，穆迪先生不仅要寻找从别的学校中漏掉的学生，而且决定在"沙滩"上开办自己的学校。校址就在芝加哥北部的五点，一个贫穷落后、酗酒成风、犯罪猖獗的地方。

穆迪先生租了一间原来一直用作沙龙、没有家具的屋子，开始大力招生。最初，那些年轻的阿拉伯人感到害羞，于是穆迪先生在口袋里装满了薄荷糖，把糖发给那些答应来的学生，因此，屋子里很快挤满了人，穆迪先生不得不寻找更大的地方。穆迪先生在北市场找到了一个大厅，学校因此以北市场命名并沿用了多年。据学校所在地的人们反映，穆迪先生在大厅入口的台阶上讲话，200个大厅远的地方都能听到。在这里，穆迪先生和助手们开办的学校一年平均招收650名学生，并很快升至1000人。

也许，没有别的学校像穆迪先生的学校那样。最初屋子内没有座位，有一个阶段连一件"星期天学校宣传用的必需品"诸如黑板、图书馆、地图、校旗都没有。但是，这是一所充满生气的学校，在这里你必须保持高度的警惕。最初，老师们以为他们每天能唱唱歌，让这些不听话的孩子们安静下来听他们讲会儿课就令人满意了。但是，重要的是男孩们越来越不听话，就越有必要把他们送入学校。学校是不会采用开除学生这样承认失败的做法，以求逃避责任的。因此，想把难管教的孩子管好需要极大的技巧和耐心。

有一件事是关于一个年轻无赖的，似乎所有的努力对他都不起作用。因为有了这个狂放不羁的年轻人，几乎毁掉了这所学校。在思考祈祷了整整一个星期之后，穆迪先生在一个星期天来到了学校。人们劝穆迪先生道："对于这种孩子，办法只有一个，就是狠狠地鞭打他一顿。"等到穆迪先生来到这个吵闹的年轻人身后，抓住他的胳膊，把他从凳子上拎了起来，并将其推进了开着的门的小接待室里面，锁上门并开始对他进行教育时，惊人的一幕发生了。男孩肌肉发达，但穆迪也很健壮，屋中激烈的教育被歌声吞没了，在经过了很长的大声"吵闹"后，两个人出来了。很明显，二人都很激动，但能看出来犯错误的男孩儿被驯服了。"这真不容易，"穆迪说道，"但是我想我们已经拯救了他。"他们确实拯救了他！不仅如此，强身派基督教曾羡慕这所学校的管理方法。此后，穆迪先生的意志在他们中间成了法律。

穆迪先生的才能还表现在维持秩序上，即他能马上找到许多帮手。一天，一个走在过道上的大一点的学生看到一个未经训练的新生戴着帽子，便一把扯掉那个学生的帽子，一拳把他打倒在地上。"在这个学校，你不戴帽子我会更好地认识你。"这个大一点的学生一边这样说，一边走向自己的座位。

为这所学校难管理的班级寻找合适的老师是一件不容易的事情。这里与其他学校一样，开除不合格的老师并不总是一件容易的事。但是，学校还是想出了一个行之有效的计划，制定了一条规则：在特定的条件下，如果学生愿意，有权离开自己的班级前往另一个班级。这样，校长就能够不再给讲课乏味的教师安排新的任务了，因为这样的老师所带的课会一节一节地自动取消。而且这样一来，只有最称职的老师才能留下来，这种做法一定会让达尔文本人很满意。

穆迪先生给学校安排了大量的工作。在晚上和星期天，穆迪先生经常在沙滩学校周围巡视，照顾大的学生，看望新的学生。穆迪先生认为任何一个罪人都不会像自己那样需要福音书，但除此之外他还为病人、失业者以及不幸之人带去许多救济品。穆迪先生不仅是自己的慈善机构、医院的社会工作者，而且还是许多对自己事业感兴趣的朋友所送礼物的管理者。穆迪先生的老雇主说，一次他看到多达20个孩子走进自己的商店，穿着免费的新鞋走了出来。当他最后完全放弃生意，将所有时间都献给教会事业时，他买了一匹小马以便于工作。星期天，这位雇主则骑着它在大街小巷寻找新生，他在上学的时间回来时，有耐性的小马有时背上驮满了衣衫褴褛的顽童，而后招的学生则拽着马镫或马尾巴。

在无数个青少年儿童身上不断发生着可喜的转变。在2月寒冷的一天，一个野孩子出现在学校门口。他穿着一件大人的衣服，破烂不堪的衣服用绳子系着，腿上裹着纸，脚上穿了一双大鞋。这便是他的全部冬装。穆迪先生发现了他，并给予他帮助。穆迪先生为他在班级中找了一个位置，像对待贵客那样热诚而友善地对待他。一个绅士那天正好来到学校，他被男孩不幸的困境感动得掉下了眼泪，事后他把男孩带回家，把自己儿子的一套衣服送给了这个男孩。男孩则很友好，继续上学，并得到了皈依，现在，这个男孩已经是星期天学校的主管了。

乔治·皮博迪

乔治·皮博迪出身于一个古老的英国家庭，他的家庭可以追溯到英雄的波阿迪西亚女王时期，经过伟大的圆桌骑士时期一直到弗兰西斯·皮博迪。弗兰西斯·皮博迪于1635年从赫特福德郡的圣·奥尔本斯来到新大陆，并在马萨诸塞州的丹佛定居下来。我们这本传记的主人公出生在160年之后的1795年2月18日。乔治·皮博迪的父母很穷，他一出生就注定要努力劳动，而这种命运却培

GEORGE PEABODY.

养了他的多种才能及敏捷的思维。皮博迪拥有健壮的体魄和灵敏的头脑。皮博迪受的教育很有限，因为他在11岁就被带出了学校并开始养活自己。一离开学校，皮博迪就到丹佛的一家乡村商店当学徒。在这里，皮博迪努力而忠诚地工作了4～5年。皮博迪的思想比他的身体成熟得快，在他还没成年时，智力就已达到了成年人的水平。在这个小商店里，皮博迪获得了所有能学到的知识之后，便开始渴望到更加广阔的天地中施展自己的才能。

于是，皮博迪离开了普罗科特先生的商店，到佛蒙特州赛特福特的波斯特·米尔斯村和外祖父家里待了一年。一位了解皮博迪的作家

写道："乔治·皮博迪在波斯特·米尔斯村的一年，一定是非常平静的一年，他面前有许多好的榜样，无论他什么时候需要，都会给他提供好的建议，因为多智先生和他的妻子都是非常聪明的人，不会拿不必要的建议去烦皮博迪。

"在回来的路上，皮博迪在新罕布什尔州康克德的一家客栈住了一宿，第二天上午，为这家客栈锯木材换取饭费。但是，那一定是乔治自愿这样节省的，因为耶利米·多智不会让自己的外孙不带路费回家的，而多智夫人就更不能这样做了。"

"从皮博迪晚年对此地的重游以及在此建造的大图书馆，作为他送给这个村子的礼物中，我们可以看出皮博迪对记忆中的这次波斯特·米尔斯村之行的浓厚兴趣。当然，关于此行对他后来事业的影响却没有记载，也许记载的不多。但是，至少这次旅行，在皮博迪需要静心思考时，给他提供了机会，而且农场的劳动对皮博迪的身心有好处。"

1811年，在皮博迪16岁时，他来到了纽伯里波特，成了他的哥哥戴维·皮博迪商店的一名店员。戴维在那里做干货生意，皮博迪则在这个行业中表现出了非凡的才能和抱负，很快就受到当地商人的青睐。皮博迪反应敏捷、诚实可靠、精力充沛，从一开始就获得了为人正直、工作踏实的好名声。据说在这里工作之余，皮博迪挣了第一笔钱，这笔钱是通过给纽伯里波特的联邦党写选票挣的。那时，还没有使用印制的选票。

皮博迪在纽伯里波特待的时间并不长，因为一场大火烧毁了大部分城镇，也烧毁了他哥哥的商店，迫使他到别处找工作。

"乔治·皮博迪先生对纽伯里波特感兴趣的原因，不是因为他曾在此短暂居住过，也不是因为他的亲戚曾在此居住，而是因为这里的人对他热情友好。实际上，他们的友谊为皮博迪后来的繁荣发达奠定了基础。在1811年，皮博迪离开了这里，并在1857年曾在此踏入这片土地。在这46年中，许多以前熟识的人都已长眠于地下。"

"斯堡尔丁先生是皮博迪年轻时的一个老朋友，他给了皮博迪最大的服务业生意。当皮博迪离开纽伯里波特时，因为年龄尚小，斯堡尔丁先生给了他一些波士顿的赊购信，通过这些信，皮博迪从詹姆斯·里德先生那里赊购了价值2000美元的货。里德先生对他的印象非常好，后来又赊给他更多的货物。正如他后来所说，这就是他生活的开始，因为在波士顿一次公共娱乐活动中，他把手搭在里德先生的肩上，对在场的那些人说：'朋友们，这位是我的庇护人，是他卖给了我第一批货物。'那时，皮博迪的信誉非常好，他能够在世界各地赊购任何数量的货物。皮博迪在哥伦比亚区的乔治敦站稳脚后，第一批托卖货物是纽伯里波特已故的弗朗西斯·托德发给皮博迪的。从这些事实中可以看出，纽伯里波特给皮博迪的回忆一直是美好的，皮博迪为当地公共图书馆的捐献是自己提出的，他渴望为城市里的人做点事情。"

乔治·皮博迪从新英格兰转向南方，来到叔叔约翰·皮博迪那里当雇员，他的叔叔在哥伦比亚区的乔治敦做干货生意。皮博迪于1812年春天到达那里，但是由于同英格兰的二次战争几乎在同时爆发，皮博迪不能马上把注意力放在生意上。皮博迪的叔叔很穷，不善管理，两年来的生意都由乔治·皮博迪管理着，但最后看到生意由于叔叔的无能面临破产的危险时，皮博迪便辞去了职务，到了以利沙·里格斯先生的服务部门工作。里格斯先生刚在乔治敦建立了一家干货批发商行，并为批发商行提供资金，商行由皮博迪先生管理，不久皮博迪就成了这家批发商行的合伙人。据说，当里格斯先生邀请皮博迪先生作为他的合伙人时，皮博迪说自己不能承担批发商行的责任，因为自己才19岁。从这点可以看出，皮博迪是一位诚信的商人，然而，格斯先生需要一位年轻有为的助手，并且在这位小经理身上看到了成功的品质。

皮博迪所从事的新公司主要进口并销售欧洲的货物，以及托卖北方城市的干货。后来，商行业务扩展到了很大的领域，给了皮博迪先生一个施展才华的大好时机。皮博迪在工作中精力充沛、头脑灵活，到了1815年之后，公司扩展到庞大的规模，皮博迪不得不搬到巴尔的摩。在那个时候，不定期的银行业务被加到了批发商行的经营业务当中，这主要是由于皮博迪先生的建议，后来事实证明它可以带来丰厚的利润。

皮博迪先生在巴尔的摩的商人中，很快升至显赫的位置，皮博迪有以下优秀品质：判断迅速而又谨慎，清楚而又正确，目标明确、意志坚定、精力充沛、勤奋努力，做每件事都守时忠诚，做每笔生意都公正讲信誉，而且为人彬彬有礼，是那种出自真诚善良的礼貌，这些品质伴随着他的一生。皮博迪的生意继续扩大，到了1822年，里格斯与皮博迪不得不在费城和纽约建立分部，并对分部实行细心的监管。1827年，皮博迪为公司办事时来到了英格兰，在接下来的10年中，他经常坐船往来于纽约和伦敦之间。

1829年，里格斯从公司退出，皮博迪实际上成了该批发商行的经理。公司的风格原来一直是"里格斯和皮博迪"式，现在成了"皮博迪，里格斯"式。

1836年，皮博迪决定将已经很大的商业扩展到英格兰，在伦敦开个分行。1837年为了管理那里的商行，皮博迪搬到了伦敦，从此之后，伦敦就成了皮博迪的家。

1837年夏天，爆发了美国有史以来最严重的一次经济危机。"对美国而言，作为支撑商业界的赊购制度，当时已接近瘫痪，"爱德华·埃弗雷特说，"那时，皮博迪先生不仅自己岿然不动，而且坚定了别人的信心。那时，在欧洲也许没有几个人在谈到美国证券时，会在英格兰银行的营业厅里听上一会儿。但是，皮博迪的判断赢得了大家的尊重，他的正直赢回了人们对美国证券的信赖。"

皮博迪先生在这次危机中的表现，使他跻身于伦敦最优秀的商人之列。皮博迪在伦敦事业的基础上大规模地拓展生意，买下了英格兰各地的加工产品，把产品用船运到了美国。皮博迪的船又反过来将各种美国产品运回英格兰。虽然这些投机很赚钱，但是在皮博迪的商行中还有一个生意对他来说更有利可图。大西洋两岸的商人和加工商经常把货物托付给皮博迪销售，以便在货物没有出售之前从皮博迪这里得到预付款。在货物卖掉后，把大量的钱长时间放在皮博迪那里，因为他们知道无论什么时候需要，都能够取回，与此同时，他们的钱会被有效地进行投资，这样他们的借款一定会得到很高的利息。皮博迪先生逐渐成了银行家，在银行业也像经商一样成功。1843年，皮博迪从"皮博迪，里格斯"商行撤出，建立了"城市，沃恩福特街乔治·皮博迪公司"。

皮博迪主要同美国人做生意，投资美国证券，他总是被当作有史以来在伦敦的美国商人的最佳样本。在谈到组织公司的方式时，皮博迪曾说："在公司成员的结构安排和特点上，我努力把它建成一家美国式商行，并营造一种美国氛围，给公司提供美国杂志，把公司变成美国新闻中心和所有来伦敦的美国人的乐土。"

在1851年，由于缺少资金，当人们以为那年的大展览不会展出美国技术工业的成就时，皮博迪先生慷慨地拿出15000美元，使委员们能够体面地展示美国的技术。

"皮博迪已经做出了应有的贡献，他的贡献如果没有促成此次展览的壮丽，至少也对这次展览的公共事业有所帮助。实际上，伦敦的最重要的杂志承认英国从美国的捐献中得到的实际利益，比从任何一个其他的国家得到的都要多。"

如前所述，皮博迪先生巨额财富的大部分来自银行业。皮博迪坚信美国证券，并大量投资美国证券。在皮博迪的事业蒸蒸日上时，他的财富每年都在增长，他的公司经营一直遵循严格的管理制度，并毫不松懈。这些成功的因素与皮博迪的生活方式很接近，皮博迪在生活中一直采用赚钱时的精确或商业式的风格，他也无比慷慨地帮助他人，然而在履行合同时却锱铢必较。

在年轻时，皮博迪便养成了节俭的良好习惯，这些习惯伴随着他的一生，直到生命尽头。由于没有结婚，皮博迪不必承担家庭的费用，住在小房间里，在他的俱乐部或咖啡屋招待朋友，皮博迪各方面的习惯都很简单，人们经常看到他在摆满了最丰盛诱人的食物的桌子旁，自己却用羊排做晚餐。10年中，皮博迪平均每年的个人花费不到3000美元。

皮博迪穿着简单，不修边幅，衣着整洁干净，举止得体，在他身上丝毫看不出富有的迹象。皮博迪很少戴珠宝，只用一根黑带子做挂表带。皮博迪讨厌任何形式的炫耀，在其晚年时，仍然定居在伦敦，其间，回了几次美国，但是每次出手都非常慷慨大方。皮博迪把大笔的钱都捐给了教育事业、宗教团体和慈善机构，皮博迪让自己的每个亲戚都富了起来。皮博迪的亲戚得到的钱没有少于10万美元的，有些亲戚得到的钱有30万美元之多。皮博迪捐了巨额的钱给伦敦贫民，成了这些贫民的恩人，以至于伊丽莎白一世女王把自己的画像送给了皮博迪，这张画像是女王命人花了4万多美元画成的，代表了英国贫民对皮博迪的贡献的感激之情。

1866年，皮博迪先生再次来到美国，这次他又为美国捐了一大笔钱。皮博迪在美国一直住到了1867年5月，然后回到英格兰。1869年6月，皮博迪又返回到美国，但很快又乘船回到了英格兰。皮博迪的身体非常虚弱，他相信早已习惯了伦敦的气候，这里的环境对自己的身体健康更有好处。但是，皮博迪恢复健康的希望落空了，到了伦敦后仍然没有恢复健康，于1869年11月4日死于伦敦。

皮博迪去世的消息给大西洋两岸的人民带来了深刻的哀痛，因为皮博迪的祖国和他的第二故乡都把他当成了恩人。伊丽莎白一世女王命令将皮博迪的遗体放入西敏寺的一个墓穴中，让皮博迪安眠在英国最伟大、最高尚的人中间，直到将其用皇家军舰运回美国。美国议会授权美国总统做好接受遗体的安排。国王们、政客们、战士们聚集在一起向这位简单、淳朴的人致敬，皮博迪从一个贫苦的男孩儿成长为谦逊的市民，他以自己的慷慨和善良，将人类当成债主。大西洋两岸的人民授予皮博迪国王般的荣誉，两个伟大的国家沉痛地哀悼皮博迪，当隆重的殡葬仪式结束后，人们把皮博迪送归故土，让他长眠在母亲的旁边。皮博迪从母亲那里获得了正直、善良的美德，并为之后得到的名利奠定了基础。

皮博迪先生为那些同情的人与事提供的捐赠不计其数，他给亲戚们的金钱大约为300万美元，在他最后一次回美国期间给了一部分，死后又将自己剩余的财产留给了他们。他向各种教育及其他机构捐献了847万美元，其中300多万美元捐给了英国伦敦的贫苦人。

皮博迪的一生为其他人提供了希望和勇气。1856年，皮博迪来到了丹佛，为了纪念皮博迪——丹佛市最杰出的儿子和最大的恩人，现在丹佛已改叫皮博迪。

"当我在异国追求财富时，上帝给予了我不同寻常的成功，但是在我心里深处，我还是那个离开质朴小房子的卑微的男孩儿。在我看来，没有哪个青年人早期的机会和优势不是和我一样的，我所能做到的成绩，任何最卑微的男孩儿也能做到。"

科尼利厄斯·范德比尔特

在76年前，斯塔腾岛只不过是一个乡村居住区，靠着几艘每天航行一次的帆船，与其他城市交往。

在这几艘帆船中，有一艘是科尼利厄斯·范德比尔特所有和驾驶的帆船。在斯塔腾岛上，范德比尔特拥有一处不起眼的地产，但是相当肥沃。范德比尔特是一位比较成功的农民，也是一位模范人物，非常勤奋和努力。范德比尔特有着数目相当可观的农作物，他将农作物卖到城里，于是，他买了一艘属于自己的船，以便把农作物运到对岸。岛上的居民经常在早上坐着范德比尔特的船前往城里，晚上再坐着他的船返回。范德比尔特意识到这种方式能给自己带来很可观的收入，因此，范德比尔特在斯塔腾岛和城市之间定期地航船。由此，便拉开了纽约与斯塔腾岛渡运的贸易运动。范德比尔特的妻子是一个不同寻常的女人，她尽力地帮助丈夫在世界上赚钱。

这对令人羡慕的夫妻拥有9个孩子。他们的大儿子是科尼利厄斯，在1794年5月27日出生于斯塔腾岛上一个旧农屋里。科尼利厄斯是一个非常健康、活泼的孩子，喜欢各种户外活动，却非常厌恶学习。在科尼利厄斯的记忆中，他在学校只读过《圣经·新约》，并用简单的单词拼写课本。结果，科尼利厄斯只学会了读写和算术，而且学得非常不好。科尼利厄斯非常喜欢水，当范德比尔特让其帮忙航船时，他会感到从未有过的高兴。科尼利厄斯一旦认定要完成什么事时，却不像大多数孩子那样敷衍了事，而是会咬住牙关，从不退缩，努力并坚持到成功。因为科尼利厄斯能克服很多困难，在他年轻的时候，就在当地享有盛名，使得自己周围聚集了一群可以共事的朋友。

科尼利厄斯总想成为一名水手，在他17岁那年，便决定在纽约港开始自己船员的生涯。在1810年5月1日，科尼利厄斯告诉了母亲自己的决定，并且向她借了100美元购买了一艘船。之前，科尼利厄斯的母亲一直反对儿子搏击大海，认为这个计划不可能实现，而且是一件疯狂的事情。为了打击科尼利厄斯的念头，她告诉科尼利厄斯，如果在5月17日，也就是科尼利厄斯17岁生日之前，能够在自家农场上的一块10英亩田地上耕地、翻地、再种上玉米，就答应借给科尼利厄斯这笔钱。

这块地是整个农场里最为糟糕的一块，贫瘠、坚硬、多石，但是，在指定的时间内，科尼利厄斯完成了母亲交代的任务，而且干得非常棒，于是，科尼利厄斯得到了母亲的100美元。科尼利厄斯当即飞快地跑到邻村，买了一艘船，然后坐着这艘船，往家的方向驶去。但是，船还没有航行多远，就撞到了一艘沉没的废船。这艘船下沉得很快，以至于科尼利厄斯还没来得及跳到浅水区，船就沉了。

帕顿先生说："科尼利厄斯没有被这次不幸所吓倒，正如我们所知道的那样，他开始了自己的事业。后来证明，科尼利厄斯的成功极为迅速而且巨大。"在接下来的3个夏天，他都会赚到1000美元。科尼利厄斯经常通宵达旦地工作，而且没有一天离开过工作岗位，不久，科尼利厄斯就从港口渡船的生意中赚得了第一桶金。

那时，父母会养育自己的孩子到21岁，在科尼利厄斯父母和船夫之间达成的协议是：科尼利厄斯要给父母支付白天所有收入和晚上的一半收入。科尼利厄斯一直忠诚地履行着这个诺言，直到父母将其解放出来。科尼利厄斯利用晚上的一半收入，买了所有的服饰。

科尼利厄斯很快成为了那个港口里最好的船员。在科尼利厄斯自愿照顾父母的那3年里，他为家庭积累了大量的财富，并且也为自己赢得了三样东西：对从事的生意深入了解，勤奋的习惯和自控力，拥有这个港口里最好的船。

在1812年的战争期间，科尼利厄斯一直十分忙碌，介于港口和城市之间的行程非常好，而且需要更多船员的加入，科尼利厄斯的生意也因此而相当红火。

在1813年，科尼利厄斯决定结婚，他追求并赢得了邻居的女儿索菲亚·琼斯的芳心。在征得父母的同意后，科尼利厄斯于1813年的冬天，正式走进了结婚的殿堂。科尼利厄斯的妻子非常美丽，而且很有人格魅力，事实证明她是一个非常好的伴侣。从那以后，科尼利厄斯经常说自己成功的一半，要归功于妻子的支持和帮助，一半要归功于自己的努力。

在1814年的春天，当大家都认为纽约将受到强大的英国军队和海外探险队的攻击时，政府给了科尼利厄斯一个合同，就是要他把供应物资从纽约运送到周边的不同军事港口。同时，这个合同免除了军用物资税。

在当时，总共有6个港口需要供货，每个港口每周都要送一次货，科尼利厄斯在晚上履行合同上的每个条款，然后再白天扬帆出海。在整整的3个月里，科尼利厄斯从来没有在运货上有过失误，也没离开过自己的岗位。在这段时间，科尼利厄斯经常熬夜，做了大量的工作。

那年夏天，科尼利厄斯赚了很多钱，用这些收入建了一条很好的小纵帆船，并将其命名为"恐惧"号。在1815年，科尼利厄斯与自己的妹夫弗罗斯特船长联系，建了一条精美的纵帆船，命名为"夏洛蒂"号，扩大了海上生意。在战后的3年里，科尼利厄斯积累了9万美元，建了两三只小船。

令人惊讶的是，在1818年，科尼利厄斯放弃了蒸蒸日上的生意，接受了托马斯·吉尔本先生为他提供的汽船舰长的职位。这个职位的月薪是1000美元，这艘汽船往返于纽约和新布伦斯威克之间。

在那时，去往费城的乘客需要乘坐汽船从纽约辗转到新布伦斯威克省，在那里，他们会住上一宿。第二天早上，他们会前往特伦顿，从那里再坐汽船到达费城。新布伦斯威克的旅馆价位很低，当科尼利厄斯船长驾驶汽船时，所住的旅馆全是免费的。科尼利厄斯让妻子打理自己的房子，在妻子的精心管理下，科尼利厄斯很快就受到了热烈的欢迎。

在7年的时间里，科尼利厄斯受到了来自纽约城敌视的危险和阻碍。纽约城给予了富尔顿和利文斯顿驾驶蒸汽船航行在纽约水域的专权。托马斯·吉尔本认为这项法律是违反宪法的，于是无视其存在而继续航行。该州当局对无视他们的垄断非常不满，于是他们之间展开了长期的冲突，最后美国最高法院判定吉尔本先生胜出而结束。

在最高法院判定吉尔本先生完全享有权利之后，科尼利厄斯船长被允许以自己的方式管理航线，他的管理很有技巧，也很努力，结果，这个航线给科尼利厄斯带来了每年4000美元的利润。吉尔本先生要将科尼利厄斯的薪水调至5000美元，但科尼利厄斯却拒绝接受。

后来，科尼利厄斯说："我是按原则办事。其他的船长只赚1000

美元，而且他们已经很嫉妒我了。另外，我从来不计较钱的多少，我所关心的是坚持自己想做的事情。"

在1829年，科尼利厄斯决定离开吉尔本先生，这时他们已经合作了11年。科尼利厄斯已经35岁，积累了3万美元。科尼利厄斯决定建一个属于自己的蒸汽船，然后自己驾驶并指挥。科尼利厄斯将这一想法告诉了老板。吉尔本马上声明道，没有自己的帮助，科尼利厄斯是无法掌控这条航线的。而且，吉尔本还告诉科尼利厄斯，如果科尼利厄斯肯留下来，完全可以满足科尼利厄斯独立"当老板"的欲望和条件。经过深思熟虑后，科尼利厄斯船长做了一个决定：坚持自己单干。随后，吉尔本先生把这条航线卖给了科尼利厄斯，这个买卖对科尼利厄斯来说非常合算，然而科尼利厄斯还是婉言谢绝了。

离开吉尔本先生之后，科尼利厄斯建了一个小汽船，命名为"凯若琳"号，由自己掌舵。几年后，他已经拥有了好几个其他的小汽船，航行于纽约和周围城镇之间。起初，科尼利厄斯的进步很慢，也很艰难，因为科尼利厄斯要应对很强的竞争对手。那时，汽船行业的利润掌控在几个大公司手里。这些麻烦使科尼利厄斯非常烦恼，但他仍然坚持，而且最终也达到了目的。

从那时起，科尼利厄斯在自己的事业中稳扎稳打，步步为营，直到升至美国汽船界的翘楚。

科尼利厄斯建了著名的汽船"北极星"，并且驾驶着这艘船，完成了开往旧世界的成功的巡航。之后，科尼利厄斯为政府运送邮件，他便比以往任何时候更加迅捷和有规律，而且做了一年这样的工作后，却从不要求一分钱的补贴。

几年前，科尼利厄斯努力想通过一个议案，就是连接哈得孙河与哈莱姆之间的铁路。后来，科尼利厄斯以足够的选票表决，通过了该议案，并开始执行。然而，不讲原则的立法者却撕毁了他们的承诺，试图毁掉科尼利厄斯，但是科尼利厄斯及时发现并避开矛盾，结果，他不但没赔钱，反倒赚了一大笔钱。企图毁掉科尼利厄斯的人，反而毁掉了自己。

在这次叛乱期间，科尼利厄斯船长装备了极好的汽船——"范德比尔特"号——作为军舰，并免费将其作为礼物馈赠给了国家海军部。

科尼利厄斯对自己的朋友们非常大方，而且慷慨捐赠慈善物资。科尼利厄斯在几年前去世了，留下了一个有着13个孩子的家庭，而且家庭中的每个成员全部活了下来。

罗伯特·富尔顿

1765年，罗伯特·富尔顿出生在宾夕法尼亚州的兰卡斯特郡的小不列颠（现在叫富尔顿）的一个城镇。富尔顿是爱尔兰后裔，父亲是个条件中等的农民，有5个孩子，他是大儿子，排行老三。

在1766年，老富尔顿先生处理了自己的农场，搬到了兰卡斯特镇，并于1768年在那里去世。在那里，小罗伯特在妈妈的照顾下逐渐成长起来。小罗伯特学习读书和写字，进步很快，但他读完小学后，就不再喜欢课本。富尔顿很早就对画画展现出了不同寻常的天赋，他更喜欢的是画笔而不是在校学习。富尔顿对机械显露出了杰出的天赋，这种天赋又得到了绘画技巧的巨大支持，他在机器店总能受到学徒们和店主的欢迎。他们认识到这个男孩是个非凡的天才，并且预言他将来会干出不同凡响的事业。

富尔顿的童年时代在暴风雨般的大革命时期度过，因为离战场很近，所以战场的硝烟经常使人们群情激荡、斗志昂扬。起初，富尔顿是个热情的爱国者，挥动自己手中的笔来讽刺那些倾向于敌方事业的人。

1778年，在富尔顿13岁那年，为了庆祝7月4日的美国国庆日，富尔顿买了一些火药和厚纸板，按照自己做的模型做了一个火箭。

"1779年的夏天，富尔顿对发明显示出了强烈的兴趣，几乎每天都光顾梅瑟·史密斯先生和费诺先生的枪支店，急欲制作一把气枪。"

几乎就是在这个时候，富尔顿计划着要完成一个小的有明轮的渔船模型。在17岁的时候，富尔顿搬到了费城，选择了艺术家和肖像画家的职业。富尔顿在那里住着，追求着自己的事业，直到过完了21岁生日。在那里，富尔顿结识了本杰明·富兰克林，而且很受对方关注。富尔顿很快取得了成功，待到学业有成时，他便在宾夕法尼亚州的华盛顿县买下一个84亩的农场，送给母亲居住。在保证母亲能过上舒适的生活后，为了完成专业的学习，富尔顿前往英国求学。富尔顿带着信去见本杰明·韦斯特，然后由于自身有很高的声誉，富尔顿在伦敦住了下来。韦斯特先生诚恳地接受了富尔顿，韦斯特也是宾夕法尼亚本土人，富尔顿和他的家人则在一起居住了几年。

刚刚离开韦斯特先生一家人，富尔顿为了考察在英国贵族中的艺术价值，便开始了自己的考察旅行，随后在德文郡住了两年。在那里，富尔顿结识了布鲁奇沃特公爵。大家都说富尔顿是被这个贵人诱导而放弃了艺术家的职业，选择做了一名土木工程师。这时，富尔顿遇到了刚刚发明了蒸汽机的瓦特，蒸汽机是富尔顿热衷研究的事物。富尔顿在发明创造方面的天分，也没有被闲置一边，住在德文郡时候，他就制作并改进了磨坊机器，用以切割大理石，这使他获得了英国艺术商业促进会颁发的奖章。

富尔顿制作了一台纺亚麻编麻绳的机器、一个挖掘运河和沟渠的挖土机，所有这些发明，富尔顿都申请了专利。富尔顿在伦敦的主要杂志上发表了一些关于运河的通讯、一篇关于运河的论文。富尔顿在英国取得了运河改善的专利权后，为了将这些专利介绍到法国，在1797年，富尔顿动身去了法国。富尔顿在法国住了7年，在那段时间，他与约尔苏·巴罗刀先生住在一起，全身心地致力于现代语言、工程，以及同源科学的研究中。

在巴黎，富尔顿继续严谨地工作。富尔顿发明并绘制了第一幅在巴黎展出的全景图，为了筹钱来试验用蒸汽机航船，富尔顿卖掉了这幅画。富尔顿还为朋友巴罗刀的著名诗歌《哥伦比亚》设计了一系列很漂亮的彩色插图。除了这些，富尔顿还在运河、高架渠、斜面、船和枪等方面，有了很多的发明和改进。这些都给富尔顿带来了很高的声望，然而带来的利润很少。

富尔顿也发明了鱼雷，或是叫饵雷，目的是通过在水下接近船只，然后通过爆炸摧毁船体来摧毁战船。曾经，人们认为英国会购买富尔顿的发明，有人暗示富尔顿会被要求保证不将该发明卖给除了英国以外的其他任何大国。富尔顿立即回应道："不管你的酬金是多少，只要我的祖国在任何时候需要他们，我都不会让这些发明搁置不用的。即使你给我2万英镑的年薪，我也会为了祖国的安全和独立而牺牲一切。"

在1806年，富尔顿回到了纽约。同年，富尔顿和利文斯顿公使的侄女哈丽雅特·利文斯顿小姐结婚，一共生了4个孩子。富尔顿要把鱼雷专利提供给州政府，但是海军部门对鱼雷所作的尝试没有成功，因而政府拒绝购买富尔顿的发明。

但是，富尔顿赢得的声望，并不是因为他是破坏性武器的发明者。从富尔顿为其渔船设计了明轮的那一刻起，他就从来没有停止过用机器推动船只航行的研究。在富尔顿结识瓦特之后，他比之前更加确信，在适当的情况下，蒸汽机会用于装备动力。

在遭受到很多失败之后，富尔顿设计了一艘成功的蒸汽船。富尔顿在巴黎居住期间，结识了当时美国驻法国的公使罗伯特·利文斯顿，这个人之前曾经在家做了很多不成功的蒸汽船的试验。利文斯顿先生热心地和富尔顿一起，努力通过试验论证富尔顿的理论，最后，他们达成一致，要建一艘大的汽船在塞纳河上试运行。这艘试验用的汽船装上了明轮，并且在1803年的早春完成并下水。然而，在试验进行之前，船的重量使它沉到了河底。富尔顿马上开始工作，用了24个小时使船提升。在这期间，富尔顿没有休息，也没有吃东西。最后，富尔顿成功了，但是他的身体受到了损伤，使他再也没有完全恢复过来。这艘船受到了轻微的伤害，但是还是有必要彻底地重建。这个任务在同年7月完成，并于8月在法国国会及一大群巴黎市民的见证下试航，取得了巨大的成功。

这艘蒸汽船本身具有缺陷，但还是比以前的船进步了很多。富尔顿和利文斯顿决定在纽约水域建一艘更大的汽船，用蒸汽机带动船航行的权利，早在1798年就被确定了下来。在利文斯顿先生的影响下，形成了法律的条文，最后经过修订，使得富尔顿享有了这项条款。富尔顿决定回国，于是，他便决定尽快出发，在返程的途中，富尔顿在英国停留了下来，找到瓦特和布尔特先生为自己的船订购了发动机。富尔顿精确地描述了这个发动机，但他拒绝阐述发动机的用途，后来，发动机严格地按照富尔顿的设计制造出来。

到达纽约后不久，富尔顿便开始建造第一艘美国船只。当富尔顿发现这艘船的造价远远超出自己的预算时，为了筹资建这艘船，他卖掉了纽约水域航行垄断权的三分之一的利润。通过这个途径，减轻了自己和同伴的压力。但是，富尔顿发现没有一个人愿意冒险把钱用在这个项目上。科学工作者和业余爱好者都说富尔顿的计划行不通，但是富尔顿继续工作，正如诺亚方舟时代的方舟一样，他的船同样引来了嘲笑者的注意和讥讽。向布尔特和瓦特订购的蒸汽发动机，在1806年下半年到货，于第二年的春天，在东河的查尔斯布朗的船厂，这艘船下水了。富尔顿将其命名为"克莱蒙脱"号。"克莱蒙脱"号负重达160吨、长130英尺、宽18英尺、高7英尺；发动机是单气缸，直径2英尺、行程4英尺；锅炉长20英尺、高7英尺、宽8英尺；明轮直径15英尺、轮片长4英尺、深入水下2英尺。

这艘船在8月末完工，从东河通过机器的驱动航到哈得孙河，然后又来到泽西海滩。这次试航虽然短暂，但它的成功使富尔顿很满意，富尔顿说几天后，这艘蒸汽船将从纽约开往奥尔巴尼。一些科学工作者和机械师被富尔顿请来乘坐这艘船，以便见证这艘船的航行。他们接受了邀请，但普遍相信只不过是要见证另一次失败。

1807年9月10日，星期一终于到来了，一大群人聚集在北河沿岸，亲眼观看轮船出发。在1点整，也就是开船的时间，"克莱蒙脱"号缓慢地驶向河中。一会儿后，"克莱蒙脱"号以每小时5英里的速度稳步在河中运行。富尔顿很快就发现明轮翼太长了，伸进水里也太深了，于是他下令停船，把明轮翼弄短。

修补了这些缺陷之后，"克莱蒙脱"号继续航行，在剩下的时间里再也没停过。在第二天的1点钟，"克莱蒙脱"号抵达利文斯顿大臣的府第所在地克莱蒙特。船一直在那停留到了第二天上午9点钟，然后又继续驶向奥尔巴尼，在下午5点钟到达奥尔巴尼。"克莱蒙脱"号从纽约到奥尔巴尼实际航行了32个小时（行程150英里），平均速度达每小时近5英里。在回来的途中，"克莱蒙脱"号用了30个小时到达纽约，平均速度正好是每小时5英里。

富尔顿说，在来回旅程中都是逆风。"克莱蒙脱"号继续定期往返于纽约和奥尔巴尼之间，直到航海季节的结束。每次航行，船上总是载满旅客以及或多或少的货物。在冬天，"克莱蒙脱"号被彻底检修和扩建，速度也相应提高。1808年春天，"克莱蒙脱"号重新开始了定期航行，自此之后哈得孙河上的蒸汽船航行就没停过一天，除了冰封河面的季节。

在1811年和1812年，富尔顿为北河建了两艘渡船，很快又为东河建了一艘。这些船是宏伟的蒸汽轮渡的开始，这在今天仍然是纽约主要的奇迹之一。

在1814年初，纽约城受到了来自英国舰队攻击的威胁。富尔顿在市民委员会的要求下，计划建一艘由蒸汽机推动的战舰，该战舰能够装载巨大打击力的排炮，并以每小时4英里的速度航行。在1814年3月，在富尔顿陈述了这个计划之后，美国国会同意制造一艘甚至多艘带排炮的战舰。船的龙骨在6月20日安装，同年10月31日，在大家的欣喜之中，这艘船从亚当及诺亚布朗造船厂下水。

1815年5月，发动机被安装到了船上；7月4日，这艘船到萨德沪科进行了往返试航。在往返行程大约53英里中，用了8小时20分钟，完全靠蒸汽驱动。然而，在此之前，政府已宣告和平，富尔顿也停工休息了。这艘船是一次彻底的成功，是被建造的第一艘蒸汽战舰。

继"克莱蒙脱"号之后，1807年，富尔顿又建造了更大的一艘船"海神"号，航行在奥尔巴尼航线上。1809年，富尔顿得到了第一个美国专利。1811年，富尔顿因改进船和机器得到了第二个专利，他的专利仅限于用简单的方法使明轮适应瓦特发动机曲柄的轮轴。

富尔顿死于1815年2月24日，享年50岁，留下了寡妻和4个孩子。根据富尔顿的遗嘱，他给妻子遗留了每年9000美元的收入，留给每个孩子每年500美元直到他们12岁，然后，他的孩子们将每人每年得到1000美元直到21岁。在他们21岁之后，他们每年将得到1000美元。

富尔顿本人高大英俊，他的言谈举止优雅、热情、很有吸引力。

富尔顿善于结交朋友，为了支持自己的计划总能筹到钱，总能影响别人。富尔顿很有男子汉气概，无所畏惧，个性独立，他是耐心与不屈不挠的完美结合。这也使得他能够承受得起任何失败，也使得他最终取得了辉煌的成功。

詹姆斯·艾布拉姆·加菲尔德将军

一位著名的哲学家观察到，有些人让自己伟大，有些人使别人伟大。尽管总统候选人的提名突如闪电般降临，令加菲尔德将军躲闪不及，但是对他来说，这种绝无仅有的好运确实到来了。加菲尔德靠长期以来孜孜不倦的不懈努力和坚定的责任感，才取得了今天的成功。加菲尔德并不富有，也没有值得荣耀的家庭关系。加菲尔德在国会十七年如一日，始终保持一个立法者应有的品格，同时也做了许多普及立法和合理的工作，他的成功绝无技巧和窍门可言。

1831年11月10日，詹姆斯·艾布拉姆·加菲尔德生于距离美国克利夫兰市15英里远的俄亥俄州克亚胡戈橘郡。加菲尔德的父亲是一位农场主，家庭状况一般。在加菲尔德仅仅两岁的时候，他的父亲就去世了。此外，家里还有3个孩子。

作为寡妇的母亲，很难独自支撑起这个家，于是，母亲便号召所有的孩子都得努力工作。夏天，加菲尔德在农场劳动；冬天，则在木匠店工作。加菲尔德发现在俄亥俄州运河上工作赚的钱较多，于是，他先做了纤道司机，后又成为了舵手。有段时间，加菲尔德打算在湖上成为一名水手。但是，突发的一场病改变了加菲尔德原有的计划，也改变了他的人生目标。童年初期，加菲尔德一直渴望接受教育，为了上学他拼命地攒钱。疾病康复后，加菲尔德成了附近学校的一名学生。母亲给加菲尔德买了些生活必需品和用具后，便让他在学校寄宿。之后，加菲尔德再也没有向母亲伸手要过钱。加菲尔德把所有的业余时间都用来做木工，并以此自食其力地修完了各学期的正规课程，而且还为上大学积攒了一些钱。加菲尔德记忆力较强，学习起来比较轻松。

斯泰尔斯上尉现在是俄亥俄州阿士塔布拉县的治安官，他回忆起加菲尔德将军青年时代时说："1850年，加菲尔德在斯泰尔斯地区的公立学校教书，住在学校附近。"同以前许多其他老师那样，加菲尔德的衣服并不多，仅有一套蓝色的牛仔服。不幸的是，有一天，加菲尔德把裤子的膝盖部位刮破了，显得很不体面。加菲尔德用针将刮破的地方别上，然后来到了当时借宿的斯泰尔斯夫妇家里。好心的斯泰尔斯夫人笑着说："哦，加菲尔德，不要紧，你早点上床睡觉，我在刮破的地方补一块补丁就好了，缝一缝还能穿一个冬天。当你参选国会议员时，不会有人问你在学校穿的什么衣服的。"当加菲尔德将军当选为俄亥俄州参议员时，身体仍然很健康的斯泰尔斯夫人前来向他祝贺，还提起刮破裤子的事情。从这位新当选的议员那里，这位老妇人收到了感人至深的拥抱，使她对此事一直记忆犹新。

在23岁时，加菲尔德读大一，他的积蓄足以供自己维持一年。加菲尔德借钱又念了一年，于1854年进入了威廉姆斯学院，随后以优异的成绩毕业。

当加菲尔德回到俄亥俄州时，他在那儿的波蒂奇县海勒姆学院被评为拉丁语和希腊语教授。加菲尔德不但勤勤恳恳地致力于班级教学，而且还全身心地投入到学院的建设工作中去。加菲尔德被评为教授还不到两年，便当选为校长。该校是由一个宗教组织基督门徒会管理并命名，早在加菲尔德上大学之前就与他有过联系的组织。身为校长，加菲尔德一方面从事教学，另一方面继续深造，不断提高自己的知识储备。基督门徒会没有专任牧师，在星期日，拉菲尔德校长经常参加宗教集会并发表演说，但他从未打算跻身于任何宗教组织，也未想到会成为一名专职牧师。他的说教，按照他的说法，纯属偶然。

加菲尔德被评为希腊语和拉丁语教授时，便和当地一位农民的女儿卢克雷蒂娅·鲁道夫小姐结了婚。作为一个女孩，她文静、体贴、有教养；作为一个女人，她全力支持丈夫成功的事业。加菲尔德夫妇有7个孩子，其中有两个不幸夭折。两个大一点的孩子，名叫哈利和詹姆斯，现已长成强健的年轻人。夫妇二人唯一的女儿莫莉，已是一位年轻的姑娘。最小的两个孩子都是男孩，名叫欧文和艾布拉姆。

加菲尔德的政治生涯始于1859年。当时，加菲尔德被选为州议员，但他还没有辞去大学校长的职务。那时，加菲尔德对公共事业毫不了解，但是这场战争却改变了他所有的计划。1861年冬天，加菲尔德积极筹措武装民兵的措施，并以出色的口才和充沛的精力，成为了联盟党杰出的领导人。1861年初夏，加菲尔德当选为俄亥俄州北部第四十二步兵团团长，该团的许多士兵都是海勒姆学院的学生。加菲尔德占领了肯塔基州的东部，不久便指挥全旅作战，随后指挥新兵进行最艰苦的急行军训练，此举使叛军大为震撼并在汉弗莱·马歇尔元帅的指挥下，在皮克顿一举击败了叛军。

加菲尔德从肯塔基州东部转移到肯塔基州北部城市路易斯维尔，再从那个地方出发，迅速与比尔将军的部队会合。第二天，加菲尔德率领整个旅部及时参加了匹兹堡的登陆作战。加菲尔德还参加了围攻科林斯湾的作战、孟斐斯和查尔斯顿铁路沿线的伏击战。1863年1月，加菲尔德被任命为坎伯兰郡部队的参谋长，并于当年的春季和夏季，在田纳西州中部的各项战役中承担了重要的角色。加菲尔德最后参加了查克马佳战役，因其在那次战役中的卓越表现，被晋升为军长。

1862年，加菲尔德将军因为战功显赫，也未经其本人同意，就被提名为国会议员的候选人。听到此消息后，加菲尔德将军断定在15个月后国会召集会议，自己便能当选。像其他人一样，加菲尔德将军认为这场战争不会持续一年，所以他决定接受提名。

任期开始时，加菲尔德将军还在作战。因为战争在进行，因此，加菲尔德对接受大选表示了极大的遗憾。

1863年12月，加菲尔德刚刚进入国会，就与刚从战场上归来的申克和法恩斯沃斯一起，被安排在了军事委员会。加菲尔德积极参加了众议院的讨论，并且作为国会新成员，赢得了大家的认可。

在第一任职期间，加菲尔德不是很受同事们的欢迎，他们都认为加菲尔德学究气浓，讲话中常显得学识渊博，对此，同事们十分嫉妒。在第二任职期间，加菲尔德坚实的学术造诣和平易近人的社交品质，消除了同事的偏见，并与两院最优秀的人士结下了亲密的友谊。而且，在第二任职期间的工作方法，非常符合加菲尔德的风格，因为这给他提供了自己一直梦寐以求的研究金融和政治经济的机会。在那些日子里，加菲尔德勤奋好学，孜孜不倦。加菲尔德将军经常到国会图书馆借书，不仅在上班的闲暇时间阅读，而且还拿回家掌灯夜读。就在那时，加菲尔德奠定了国家财政信念的基础，这种信念在后来历次政治风暴中使他深信不疑。

1864年，加菲尔德再次获得提名并一致通过。但是，1866年，加菲尔德曾取代的哈钦斯先生，一直想极力反击。虽然哈钦斯先生在选区里到处游说并拉选票，但是大会还是一致提名加菲尔德。此后，在本党内，加菲尔德得到了一致的拥护。1872年，自由党和民主党想联合击败加菲尔德，但后者都以空前的优势获胜。1874年，绿背党和民主党一致推举一名当红士兵来与他抗衡，但都无济于事。

1877年，当詹姆斯·G.布莱恩进到参议院时，大家一致拥戴加菲尔德为众议院共和党领袖，于是，加菲尔德光荣地成为了共和党领袖。

1880年1月，加菲尔德当选为参议院议员，接替了由艾伦·G.瑟曼于1881年3月4日空出的席位。共和党核心领导小组一致投票选举加菲尔德将军为主席，至此，在俄亥俄州历史上，大会给了加菲尔德任何党派、任何其他个人史无前例的荣誉。

在国会，加菲尔德产生了很大的影响，而且还博得了两党的尊重，能做到这一点的人也是前所未有的。这种尊重完全取决于加菲尔德坦诚的为人、亲切的性格，以及普遍公认的真诚和出众的能力。加菲尔德平素以勤奋好学和做事有章法而著称，曾经有人在国会图书馆看见他桌上摆满了贺拉斯全版诗集及评论，而他正在全神贯注地研究这位诗人的作品。加菲尔德解释说，自己劳累过度，做点与国会公务毫不相干的事，能够起到放松调解的目的。

在参议院圆形大厅的门廊前，加菲尔德将军宣誓就职和发表演说的场面是何等盛大！当着数千人的面，加菲尔德讲到更好地改进公务员队伍建设时，语气沉着冷静，动作坚定自如，声音清晰洪亮，嗓音坚强有力。加菲尔德怎么会知道，在人们没有认清形势之前，要实现那些原则是要以献出自己生命为代价的，这个可怜的人却为之献出了生命。

有许多人为谋求一官半职，处心积虑地追随在加菲尔德的身边，并时刻努力使自己得到加菲尔德的注意。查尔斯·J.吉特奥便是其中一例。吉特奥出生在伊利诺伊州的自由港，是一位律师。因为吉特奥在芝加哥和纽约的律师事务所揽不到生意，所以他从业时间也不长。吉特奥似乎自幼性格古怪、任性和残忍。吉特奥总是紧随总统左右，急功近利地伺机晋升，但官场失意使他痛苦万分、羞愧难当，于是，吉特奥决心伺机报复。据吉特奥供认，他曾想过多种致使当局一败涂地、让总统名誉扫地的方案，但是，吉特奥只对谋杀加菲尔德将军的计划感到满意。

吉特奥全副武装，佩带左轮手枪，决意枪杀总统进行报复。1881年7月1日星期五，吉特奥从文件中得知，第二天上午总统计划乘火车前往纽约。7月2日上午，吉特奥子弹上膛，在车站静候总统。当总统从自己身旁走过时，吉特奥开了第一枪。吉特奥距离总统如此之近，仿佛目标不真实，于是，总统惊慌躲闪后，这时的刺客才确定自己的任务，并发出致命的第二枪。总统遇刺的消息传到了世界各地，令世人震惊。经过数月的抢救，总统平静而安宁地与世长辞。

噩耗传来，哭声一片。人们纷纷致电加菲尔德夫人诚挚吊唁。最初收到的唁电中，有一份来自英国女王，电文如下：

巴尔莫勒尔：

我无法用语言向你致以我深切的同情和安慰。愿上帝支持和安慰你，因为只有上帝能支持和安慰你。

女王

城镇、城市、州、共和国和王国，几乎世界上所有的国家都去信吊唁。这种全球性的哀痛，在世界历史上也并不常见。

伊莱亚斯·豪

1819年，伊莱亚斯·豪出生于美国马萨诸塞州的斯宾塞小镇，兄弟姊妹8人。在新英格兰乡下小镇，家家都开办适合童工的行业小作坊，因此，新英格兰地区也日益变得富庶起来。小伊莱亚斯的父亲经营了一个农场和一个

ELIAS HOWE, Jr.

面粉厂，孩子们常做帮工。小伊莱亚斯6岁时，就和哥哥姐姐一起去帮工，把钢丝牙穿过皮带，用来制作梳理机。当小伊莱亚斯长到足够大的时候，就开始前往父亲经营的锯木厂和砻谷厂帮忙。到了寒冷的冬季，伊莱亚斯便在本地的学校里接受一些基础的教育。然而，由于他体质差，不能太疲劳，所以不适合干重活。此外，由于生来腿跛，也使他障碍重重，一生麻烦不断。在11岁那年，伊莱亚斯到邻居家的农场干活，但是那里的劳动十分辛苦，于是伊莱亚斯又回到了父亲的工厂工作，直到长到16岁。

就在那一年，伊莱亚斯产生了一个热切的愿望，前往洛威尔寻求出路。征得父亲的同意后，伊莱亚斯便只身启程，并在洛威尔的一家大型纺织厂做了一名学徒。两年后，1837年，经济危机席卷美国，由此，失业的伊莱亚斯不得不四处寻找工作。后来，伊莱亚斯又在剑桥市的一家机械修理厂找到了一份活，并拜师于麻纤维梳理机械专业的特雷德维尔教授。然而，伊莱亚斯只在剑桥待了数月，又辗转到了波士顿，在阿里·戴维斯的机械维修厂谋职。

在伊莱亚斯21岁那年，他结婚了。然而，对他来说，这其实是十分轻率的一步，因为他当时的收入仅为每星期9美元，而且身体虚弱。伊莱亚斯的3个孩子接二连三地出生，他发现仅靠这点微薄的收入难以满足家里衣食住行的开销，以前那种衣食无忧的生活成为了美好的回忆。伊莱亚斯整个人变得忧愁、抑郁，健康状况也没有丝毫的改善，就连完成日常工作都很吃力。伊莱亚斯身体十分虚弱，由于工作强度之大，导致身体难以支撑，所以，伊莱亚斯不得不常常回家休息。在家里，伊莱亚斯只能躺在床上，并且极度痛苦地想"永远安息"。可是，伊莱亚斯太爱自己的妻子和可爱的孩子们了，所以每天仍在拼命地工作，借以养家糊口。即便如此，恐怕只有深切体会到贫穷的人，才能很好地理解伊莱亚斯内心的绝望。

这一次，伊莱亚斯听说缝纫机的时代来临了，不管人们是否承认，要是能在机器上投资的话就肯定会发财。伊莱亚斯的窘迫，驱使自己怀着极大的兴趣倾听人们的谈论。伊莱亚斯开始努力工作，以求实现这一目标。可伊莱亚斯知道，发明缝纫机是要承担一定风险的，但自己必须孤注一掷。当妻子做缝纫活时，他就在旁边看着，他要努力设计一台能让妻子做缝纫活儿的机器。

伊莱亚斯让针的两端锋利无比，并在针的中部打孔，使穿了线的针能上下穿梭于布料上。但在实施过程中，伊莱亚斯的精心设计却不尽如人意。直到1844年，即伊莱亚斯尝试发明缝纫机器一年多之后，伊莱亚斯才孕育了这种灵感，就是使用两根线，借助于梭子和靠近针眼的弯针形成了针脚。这个发现，使伊莱亚斯的设计取得了决定性的胜利。最后，伊莱亚斯非常满意地解决了自己在设计方面遇到的问题，并在1844年10月，用木头和线制造了一台比较粗糙的机器模型，并将其改进，一直到自己完全满意为止。

伊莱亚斯的学徒期满，届时他已是技术娴熟的一名机械技工，这时，他毅然辞掉了工作，搬回到父亲家里。伊莱亚斯的父亲在当时的剑桥市开了一家把棕榈叶加工成切条的棕榈叶帽子的加工厂。伊莱亚斯及家人与父亲同住在一个屋檐下，这个拖着半个病身子的发明家，在父亲的阁楼上支起了一个车床，独自揽活养家糊口，同时继续制作缝纫机。伊莱亚斯穷困潦倒，生意艰难，经常令家人食不果腹；而且更糟糕的是，一直资助自己的父亲也遇到了麻烦，父亲经营的加工厂在大火中化为乌有。可怜的伊莱亚斯当时处于极其悲惨的境地，他的脑海中已经拥有了缝纫机模型，其完美卓越令他兴奋不已，但是自己没有足够的资金购买生产机器所需要的优质铁和钢，只有它们才能保证机器的其他性能。要生产一台缝纫机模型，需要500美元，否则，这项伟大的发明就会就此夭折。同时，要想让人们相信新机器的使用价值，在当时来说更是难上加难，要是自己没有制造新机器模型的500美元的话，就算发明再新奇也将变得一文不值。

就在进退两难之时，伊莱亚斯决定求助于一个朋友，一个在剑桥市做煤炭和木材生意的名叫乔治·费希尔的富商。伊莱亚斯将自己的想法告诉了乔治，并成功地说服其入伙。乔治答应为伊莱亚斯及其家人提供必需的食宿，然后将阁楼作为工场，让伊莱亚斯制造机器模型。乔治预付了500美元用来购置必要的工具和制作模型，并且作为计划的启动资金。作为答谢，两个人约定，如果伊莱亚斯获得专利权的话，将把一半的专利权分给乔治。1844年12月1日，伊莱亚斯一家如约搬进了乔治的公寓，小型机械厂也如约建成。从那时起，伊莱亚斯又开始了夜以继日的工作，有时则通宵达旦。1845年4月，伊莱亚斯设计的技术——先进的缝纫机顺利地通过了缝合试验。到了5月中旬，缝纫机模型终于大功告成，并且在7月首次成功地缝制了两套毛料服装，伊莱亚斯将一套慰劳自己，另一件则送给了乔治。做工结实且耐用，甚至比布匹还要经久耐用。

有了专利权以后，伊莱亚斯开始致力于将其投产使用。首先，他将自己的发明介绍给波士顿的裁缝，对方虽然承认这种机器很实用，但拒绝生产，因为它会毁掉之前几代人的生意。其他人的看法同样如此，每个人都认可和夸奖这种缝纫机设计精巧、独出心裁，但是没人愿意投资。更为糟糕的是，连伊莱亚斯的合作伙伴乔治也开始心生厌倦，最终撤出股份。于是，伊莱亚斯不得不和家人又搬回了父亲的住所。心灰意懒的伊莱亚斯最终也放弃了自己的发明，然后在铁路部门找了一份火车司机的工作，一直驾驶着火车，直到疾病再度恶化。

面对日渐垮掉的身体，伊莱亚斯又萌发了新的希望，决定到英国寻求在家乡没有得到的成功。身体情况已经不允许伊莱亚斯单独前往英国，于是，他便委托自己的弟弟亚玛撒·豪将发明带到英国。在伦敦的齐普赛街，亚玛撒找到了威廉·托马斯。托马斯先生付给了亚玛撒1250美元购买这台机器，并许诺如果伊莱亚斯愿意到自己的企业工作，每周付给伊莱亚斯15美元，而且同意将其改进后投入生产雨伞和女式紧身胸衣。伊莱亚斯表示同意，而且自己弟弟一回到美国，就马上起程赶往英国。伊莱亚斯受雇于托马斯先生约8个月，但是他发现托马斯这个人比较苛刻、难缠，有时甚至不可理喻。于是，到了8个月末期，二人分道扬镳。

此时，伊莱亚斯多病的妻子和3个孩子也来到了伦敦，他发现靠托马斯所给的微薄工资无法赡养家庭。但是，失业后的凄惨境遇，更加让人难堪。在这个陌生的国度，真是举目无亲、无依无靠，现在又囊中羞涩，自己和家人整天饥肠辘辘，过着饥寒交迫的生活。由于遭受到巨大的痛苦，（估计是在家人的帮助下）最终伊莱亚斯将家人想方设法送回美国，安置在老父亲家里。伊莱亚斯本人还是怀着能将自己的发明推广、使用的想法留在了英国。

正可谓"屋漏偏逢连夜雨，行船又遇顶头风"，现实总是那么无情，一切努力都变得徒劳。伊莱亚斯把在英国置办的寥寥无几的家居用品装上船运回美国，当了自己的机械模型和专利证书，以此作为盘缠，他本人则坐上了另一艘船紧随其后，回到了美国。伊莱亚斯到达纽约时，衣兜里只剩下2先令6便士，而就在他到达纽约的同一天，噩耗传来，他在剑桥市的妻子由于感染痨病，已经奄奄一息。当时，伊莱亚斯过于虚弱，已经走不了路，便不得已又待了几天，等凑够了路费，才赶回家和妻子见了最后一面。伤心期间，伊莱亚斯收到了一个通知，说载着自己从英国运回美国的仅有的生活日用品的船，在海上失踪。命运女神似乎要彻底毁掉伊莱亚斯，对他的打击如此迅猛，令人措手不及。

终于否极泰来，在伊莱亚斯回家后不久，便得到了一个收入可观的工作。更令人鼓舞的是，伊莱亚斯发现在自己不在的日子里，他的发明在家乡已经变得远近闻名。无耻的机械工们无视发明者的专利，肆意仿造这种机器，而且这些仿制品在许多地方作为"奇迹"展出，还将其应用在许多重要的生产部门。伊莱亚斯便马上着手展开维护自己权益的工作。伊莱亚斯找朋友帮忙，于1850年8月开始对侵权者诉诸法律并提起诉讼，这场轰动一时的诉讼案持续了4年，并最终获胜。

同年，伊莱亚斯搬到了纽约，并开始小规模地将机器投产。在那里，伊莱亚斯和一个叫布利斯的人合作，可是几年后，尤其是在布利斯去世后，生意变得十分萧条。1855年，伊莱亚斯买下布利斯的那部分股份，成为公司唯一的专利持有人。很快，伊莱亚斯的生意开始蒸蒸日上，并继续发展，直到自己的固有利润和法院强迫其他生产商支付的专利权税，从每年300美元飙升到20万美元。1867年，当伊莱亚斯的专利权到期时，他已从中赚取了200美元。然而，伊莱亚斯的维权行动也花掉了巨额的资金，虽然当时的伊莱亚斯已经跻身富人之列，可还是远远没有人们预期的那样富有。

在1867年的巴黎博览会上，伊莱亚斯展出了自己的机器，并获得了金奖，同时也获得了十字荣誉奖章。

在南北战争后期，伊莱亚斯将钱慷慨地捐给了国家，并以在康涅狄格志愿部队第七军团服役的列兵身份应召入伍。1867年10月3日，伊莱亚斯死于位于纽约长岛的布鲁克林。

海勒姆·鲍尔斯

1805年7月29日，海勒姆·鲍尔斯生于美国佛蒙特州德伍德斯托克。父亲是一个农民，兄弟姊妹9个，海勒姆排行第八。海勒姆的家庭非常贫穷，穷得连日常所需的生活用品也买不起。海勒姆的童年没什么特别之处，也像新英格兰地区的其他孩子一样，平安健康地成长。夏天时，他回农场做工，冬天则到当地的学校读书。不过，要说童年时代的海勒姆果真有

HIRAM POWERS.

什么与众不同的话，那恐怕要数机械设计的天赋了。

海勒姆擅长画漫画，精于建造。海勒姆已经为同伴们制作了无数的小马车、小风车，以及一些武器模型。凭着天赋，海勒姆在当时的同龄人中有着很好的人缘，甚至被冠以"小发明家"的美誉。

一次，海勒姆的父亲受人怂恿给一个朋友作担保，结果赔了个精光。紧接着，他们又遇上了饥荒，那一年，美国基本上是颗粒无收。

那时，海勒姆的一个哥哥考入了达特茅斯大学，家里便搬到了辛辛那提，在那里，他负责为一家报社当编辑。1819年，对大饥荒万般无奈、心灰意懒的老鲍尔斯决定举家搬迁，随儿子到辛辛那提。于是，行李、家眷承载了3辆马车，和另外一家人一起向茫茫的美国西部出发，而那时的鲍尔斯还只有14岁。一家人行至俄亥俄河，又沿河用一艘平底船顺河而下，来到了当时只有14000人口的辛辛那提。

靠着鲍尔斯长子报社编辑的资助，鲍尔斯一家终于可以在离辛辛那提市不远处经营了一个农场，家随之迁到那里，并开始培育谷物。没多久，不幸便降临到他们头上。他们的农场坐落在瘟疫肆虐的沼泽边上，沼泽释放出来的瘴气最终摧毁了本该属于他们的健康。鲍尔斯死于这场瘟疫，而海勒姆本人也因此卧病在床整整一年。家庭破碎离散，海勒姆在病愈之后由于不能从事重体力劳动，便在辛辛那提的一家农产品商店工作。海勒姆的工作是盯着主干道上过往的载满谷物和美酒的马车，告诉那些进城的农民，他的老板会出比城里其他商人更好的价钱来买农民的货，同时。海勒姆也会帮货主将车上的圆桶运进商店。由于海勒姆出色的"推销"，雇主对他格外满意，但好景不长，因为海勒姆与其雇主关系破裂，所以他又回到了失业状态。

　　这时，海勒姆当编辑的哥哥出手相助，同城里一家旅馆的老板达成协议，在旅馆建一间阅览室。旅馆老板提供房间，并且带来一些订阅者。海勒姆的哥哥负责进货和交换报纸，而海勒姆则负责管理和收费。就这样，阅览室才建了起来。可最终因为老板毁约，海勒姆不得不再次失业。

　　那时，有个钟表修理商兼风琴制造商雇用海勒姆到乡下要死账。海勒姆任务完成得非常出色，老板十分满意，主动将其留在了厂里，并说厂里总会需要一些新手做粗活。海勒姆做的第一项工作，就是用锉刀把做风琴音栓的黄铜板磨细。原本工厂老板只想让海勒姆做一些粗活，之后再把黄铜板交到厂里的资深技师将其完善。老板知道交给海勒姆的不是一项轻松简单的任务。几天之后，老板前来视察，发现海勒姆就是一个机械方面的天才，这对他的工作很有益处，于是海勒姆将自己的天才、技艺和决心都应用到了工作中。当老板查看海勒姆的工作时，惊讶地发现海勒姆不仅按时完成了任务，而且在质量上远远超过了厂里的资深技师。海勒姆具有精细的洞察力和不知疲倦的干劲。在圆满地完成工作的同时，海勒姆的手磨出了许多水泡。老板对海勒姆非常满意，认为海勒姆很有价值，当下决定要海勒姆担任质量监督员，并邀请他到家里居住。

　　海勒姆在工厂机械管理部展示了其非凡的才能，更加赢得了老板的赏识，同时也招来了其他工人的嫉妒。面对工人们的讥讽，海勒姆发明了一台能切割木钟表轮的机器。作为奖励，海勒姆得到了一枚银质牛眼石手表。

　　此后不久，在参观辛辛那提市博物馆时，海勒姆看到了乌冬的石膏肖像作品《华盛顿》。这是海勒姆生平第一次看到半身雕像，便不能自已地被雕像吸引住了。由此，海勒姆对雕像产生了一种强烈的好奇，并下决心搞清楚雕像的制作流程。海勒姆甚至觉得，要是有位老师从中指点，自己也能做出与之相媲美的作品。后来，海勒姆在城里找到了一位制作石膏雕像的德国人，并向他讨教这种艺术的奥秘。实践证明，海勒姆是个天资聪明的学生，他对石膏雕像艺术精通的程度，令自己的老师惊叹不已。

对海勒姆来说，掌握艺术规则似乎是一件轻松自然的事，这位艺术天才凭借自己对艺术规则的理解，使得自己在艺术造诣上如鱼得水。即使面对反面的批评，海勒姆也会持之以恒、勇往直前。虽然知道自己的看法完全正确，但是海勒姆也绝不会嘲笑那些靠精确测量获得的略为逊色的方法。

然而，海勒姆并没有完全投身到艺术创作中，而是把更多的时间用于风琴和时钟的制作，只在业余时间进行创作。在海勒姆23岁时，一位拥有自己的自然历史博物馆和蜡像馆的法国人，曾试图说服海勒姆到自己的博物馆做一名出色的发明家、蜡像师和综合机械设计师。那时，海勒姆已经在厂里工作了7年，当时他的最大心愿是赚够钱后，以便完全置身于自己的艺术事业。这期间，海勒姆结婚，并有了自己的孩子。

在海勒姆30岁时，他在艺术界的名气已响彻整个辛辛那提市。海勒姆的才气引起了年轻的天才尼古拉斯·隆沃思的注意，并慕名前来拜访，决定为海勒姆买断博物馆，而且愿意在商界对其进行扶植。然而，海勒姆婉言谢绝了尼古拉斯的好意。尼古拉斯又提议送海勒姆到意大利深造，海勒姆也同样谢绝了。尼古拉斯力劝海勒姆到华盛顿，试着当一名公务员，这次，海勒姆接受了建议，在这位慷慨的朋友资助下，海勒姆于1835年抵达华盛顿，在那里度过了两年。在此期间，海勒姆塑造了安德鲁·杰克逊、亚当斯、卡尔霍恩、马歇尔首席大法官、伍德白瑞、范·布伦以及其他人的半身塑像。当海勒姆为无法刻画华盛顿·韦伯斯特的雕塑而发愁时，这位政治家便邀请海勒姆前往马什菲尔德进行创作，海勒姆则欣然接受了邀请。后来，海勒姆回忆说，在马什菲尔德的那段日子，是自己一生中最为愉快的日子。

杰克逊将军对海勒姆十分友善，也赢得了海勒姆对他的尊敬与感激。

在华盛顿，海勒姆的一位模特是美国南卡罗来纳州的参议员，名叫普雷斯特。普雷斯特对海勒姆产生了浓厚的兴趣，写信给自己住在南卡罗来纳州哥伦比亚市的哥哥普雷斯特将军，这位将军是一位极其富有的绅士，决心资助海勒姆，并极力将海勒姆送到意大利。普雷斯特将军答应了弟弟的请求，然而当时的海勒姆对此并不知情。普雷斯特将军给海勒姆写信，让海勒姆给自己画像，答应给海勒姆1000美元，并要求海勒姆立刻前往意大利，并每年付海勒姆1000美元。海勒姆被将军的真挚诚意所打动，坦率地接受了邀请，决定前往意大利。海勒姆将自己的作品运到了意大利，于1837年朝欧洲进发。几年前，在提到普雷斯特的慷慨时，海勒姆说："我曾努力尝试着用等值于他当年对我的资助报答他，但我发现他给予我的恩情，让我终生难忘。我甚至担心打起仗来，他会因为我强烈的民族感而不再喜欢我，但我喜欢并尊重他：我会尽我所能，表示我对他的无限感激之情。"

海勒姆比他的作品先一步到达了意大利的佛罗伦萨，在等待作品抵达的同时，海勒姆又创造了两件作品：一件是哈佛大学的教授，另一件则是一位美国女士。到达意大利没多久，海勒姆便陷入了严重的家庭痛苦之中，这对海勒姆影响非常大，以至于很长一段时间后他才逐渐走出了阴霾。之后，海勒姆又投入到了创作中。海勒姆的作品受到了佛罗伦萨许多艺术家的赞赏和外国旅行者的青睐。大师托瓦尔森曾亲自到海勒姆的工作室，并赞叹海勒姆的作品堪称当今世界的一极品。此后，其他艺术家的赞扬声同样不绝于耳，海勒姆很快接到了英国人、意大利人、美国人的订单，生意应接不暇。

海勒姆用空闲时间，倾力完成了一件理想人物的作品，后来，这部作品被一位富有的英国绅士买下。这部作品就是海勒姆作品中流传最广的举世闻名的《希腊奴隶》，其复制品曾经在美国和英国的水晶宫展览，并为其赢得了来自四面八方的赞叹。这部作品奠定了海勒姆艺术大师的地位，也使得海勒姆接到了来自世界各地的订单。海勒姆在创作《希腊奴隶》前一年，也曾创作了《伊芙》，但是没有像《希腊奴隶》那样轰动。随后，海勒姆又创作了《托斯卡纳公爵夫人》这样精致的作品。为此，托斯卡纳公爵十分高兴并召见了海勒姆，并询问海勒姆是否愿意在方便之时也为他创作。海勒姆也立即得到了塑造维纳斯雕像的许可。塑造维纳斯在当时来说，是艺术家们争取数年都未必获得资格做的事情，这对于海勒姆来说，无疑是一项殊荣。

此后，海勒姆的作品也开始逐渐增多，其中，《渔童》这件作品被人用大理石复制了3件。II Penseroso、《普洛塞尔皮娜》《加利福尼亚》《亚美利加》这几部作品，被英国先邓咸的水晶宫收藏。《华盛顿》被路易斯安那州收藏，《卡尔霍恩》被南卡罗来纳州收藏，《富兰克林》和《杰斐逊》雕像被安放在华盛顿。海勒姆作品的特点，是能够将美感和活力同细腻的抛光完美结合。

就像海勒姆的作品一样，海勒姆十分擅长对家乡伟人的刻画。海勒姆的《杰斐逊》和《富兰克林》两部作品，堪称这一特点的代表作，而栩栩如生的《卡尔霍恩》更是被奉为经典中的经典。不幸的是，这幅作品在纽约的长岛附近遇到了海难，随之被大海吞噬。当《卡尔霍恩》被发现打捞上来时，人们发现这幅作品即使被海水稍有侵蚀，也依旧光鲜动人。

海勒姆在意大利居住了很多年，他的工作室成为后世艺术家的膜拜之所。若干年后，海勒姆带着全世界给自己的尊敬和荣誉，离开了这个喧嚣的世界。

杰伊·古尔德

50美分资金所产生的结果

有些人天生就是伟人，有些人因努力而取得了成就，有些人则轻而易举而有所得。

——莎士比亚

JAY GOULD.

一般而言，在欧洲大多数国家，特别是在英国，在没有继承权的情况下，巨大财富的获得，需要通过从事一些贸易或某种职业逐步得以实现。毫无疑问，事实上，这些国家的自然资源已经得到了最大限度的开发。然而，与众不同的是，不但政府的理念、企业的精神，都没有给广大密集而贫困的人口找到栖身之地，反倒使得疆域变得越来越小。

然而，当我们把这种令人不愉快的情况与联邦内部事务进行比较的时候，我们会因为两者有很多不同之处而立刻感到目瞪口呆。

因为这里所拥有的财富，可以说远远胜过《失乐园》里的"奥玛斯和印度"的财富，这里拥有使人类伟大和幸福所需要的所有资源。在这里，展现在我们面前的是无限广阔的新世界，并为大规模经营的各类企业提供了保证。这一切使旧世界微不足道，足以小巫见大巫。在这种情况下，我们大概对正在迅速开发大量资源并不感到奇怪，北美印第安人到来后不久，城市就会远离文明。然而，在我们中间，那种喜欢冒险、有远见的精神不断涌现出来，仿佛可以使人一跃而获得巨大的财富和价值。

下面，由文章开始提到的那位绅士来论述这个问题，便相当合适了。在过去很长的一段时间里，公众特别关注他的是一些主要经济股份经营的胆略和规模。

1837年5月27日，杰伊·古尔德出生在纽约西部的特拉华县罗克斯伯一个荒凉的地方。尽管他还没有到46岁，可是他长满了墨黑的络腮胡子，头发尽管稀薄，却没什么白发，使得他看起来像一位精干的中年人。

他的父亲约翰·B.古尔德是一个贫穷的农民。老约翰赚的钱不足以维持一大家人最低的生活费用。杰伊·古尔德是家中最小的孩子，在他10～12岁时，他的求知欲望越来越强烈，他的姐姐文化修养很高，于是就成了他的老师。然而，年轻的古尔德因为早期性情叛逆，喜欢自力更生，致使他在学生时代智力没有得到最大限度的开发。直到有一天，古尔德自认为已经成熟，长大成人，并且发明了一种老鼠陷阱。它巨大而笨重，与古尔德出生的那个不堪入目的白色木屋非常不相称。后来，有人把它看作是一种痛苦的讽刺，也有人认为它为其华尔街后续行动做好了铺垫。

古尔德在罗克斯伯度过的童年与其他孩子大致相同。他曾经在农场劳动，白天到所在社区的学校上学，晚上则做家务、挤牛奶。当时，古尔德最生动的记忆是，他在挤一头带花纹的大奶牛时，奶牛以迅雷不及掩耳的动作踢他，他便转身闪开，用院子里的一个马鞍子抵挡。古尔德说："这件事现在看来，似乎比以前更有趣。"

夜晚，古尔德孜孜不倦地学习，通读了所有能在那个人口稀少的国家找到的书籍。14岁时，古尔德恳请父亲送自己到毗邻的小镇上学习。经过慎重考虑后，古尔德认为自己的数学已经超出了罗克斯伯的教育水平，必须进一步学习，于是，在父亲没有能力供自己念书的条件下，他决定自筹经费。古尔德请求父亲允许自己上学，父亲则回答道："如果你愿意的话，当然可以。这里不适合你。"真相确实如此，估计杰伊早就发现自己天生就不是当农民的料。

第二天早上，这位胸怀大志的年轻人匆忙地从早餐桌旁站起身，把手伸向惊讶的父亲，并说："再见。"父亲眼里噙满了泪，这泪水充满了恳求、警告，但是，古尔德毅然地离去。古尔德的兜里揣着仅有的50美分，手拽着衣襟，跨越群山，走过荒地，踏过人口稀少的地区，直奔霍巴特学院而去。32年后，有人指控古尔德背信弃义出卖同伙，古尔德拥有的股票和债券的价值为3500万美元。

来到霍巴特学院后，古尔德走遍全城寻找工作，获得了在本村铁匠铺旁为铁匠开办的书店管理图书的机会。古尔德陪同罗神伏尔甘之子夜以继日地工作，以支付学费。古尔德就像拿破仑在布里埃纳炮兵学校一样任劳任怨，极少娱乐，少言寡语，全力以赴地努力工作。在6个月的时间里，古尔德取得了意想不到的进步，学完了学院开设的所有课程并离开了这里。古尔德也离开了铁匠铺，来到一家五金店，白天做店员，晚上致力于系统研究三角法和测量学。早上，古尔德4点起床，用3个小时登记和预定。古尔德借了一个旧指南针和一套测量工具，而且他承诺赠送自制玩具来动员村里的孩子们摆旗和送信。这样，在无人指导的情况下，古尔德成功地学习了实际测量。

与此同时，古尔德积极致力于经营五金生意。15岁时，古尔德终于成为公司的合伙人，并受托付管理所有的业务。古尔德生平第一次来到了纽约市，并且能够开立账户，与菲尔普斯道奇公司和其他知名公司有着业务往来。

古尔德做五金贸易并不顺利，1852年，他悄悄溜走了，留下少部分资金。后来，一个测量队以每月20美元聘古尔德做队长，绘制阿尔斯特县地图。古尔德把测量队一行人组织起来，凭借口袋里仅有的5美元着手工作。第一天，古尔德走了40英里的路程。他们工作了两个星期后，雇主还没有兑现提高百分之三的工资承诺时，就已经破产了。

古尔德当机立断决心从事测量业。这种发生在当时只有15岁孩子身上的事情，可以用古尔德先生自己的话得到最好的阐述：

"我没有钱，也就是说，我所拥有的就是一枚10美分的硬币。我下决心决不花掉这枚硬币（过去没花掉，而且将来也不会。现在，我把它当作纪念品收藏）。秋季即将到来，如果冬天到来之前，我们的测量工作还没有结束，那么工作将会推迟到来年的春天，这样会使我们再加收额外的费用。我们加收的额外费用，也许会导致致命的失败。如果可能的话，我决定把工作往前赶。但是，如何做呢？我既没有时间也没有钱回特拉华县求援，因为我跻身于陌生人之中，也无信用可言。没有钱，我进退两难。失去工程，我深感悲痛，我流下了眼泪。

"工程的最后一天，我筋疲力尽，步履沉重，饥肠辘辘。灰心丧气之时，我在小镇附近的一个角落的岩石上休息，眼泪滚落在罗盘上。这时，突然一个农民向我打招呼，让我随他回家画一条南北方向的线。如果一个垂直物体的影子与那条线重合时，就显示中午时间到了。那位农民邀请我吃饭，我当时兴高采烈地接受了，因为我还是前天晚上吃了两个小饼，而且白天一直在努力工作，感到体弱无力。吃过丰盛的晚餐后，正要告别热情好客的农民时，他问我做这活要多少钱。我说不收钱，愿意为他效力。但是，他给了我半美元，坚持说这是一个邻居做这活开的价。我收下了钱，兴高采烈地离开了。即使我发现了一个新大陆，我也不会如此欣喜若狂，因为我口袋里有了60美分。

"如果我沿途继续做其他中午标识的话，我就会看到创办未来企业的前景。我永远不能忘记那一天。从那以后，我做这行的名声越来越大。周边的农民络绎不绝地邀请我前往工作。为了这个新行业，测量花掉了我所有的积蓄，包括我口袋中的6美元。"

这张地图展示了古尔德当时承办了数量可观的工程。年轻的古尔德现在成了专业测量师和土木工程师。古尔德绘制了纽约奥尔巴尼县、阿尔斯特县、格林县和特拉华县；俄亥俄州的莱克县、吉奥格县和密歇根州奥克兰郡；为铺设栈道和铁路做测量；编写并出版了特拉华县的历史；创办了制革厂，雇了250名员工；创建了一个城镇（古尔兹伯勒）；21岁前，他创建了一家银行，并顺利地度过了1857年的经济危机。

经济危机之后，古尔德卖掉了投在家乡的8万美元的股份，买了当时贬值的铁路证券。之后不久，古尔德获得了两条铁路的控股权。不久后，古尔德在伊利湖上用船装财富，获得了巨大的成功。古尔德以惊人的力量，从他人手中揽过运输的缰绳，最后掌控在自己手中。直到现在，古尔德仍然是3万英里铁路运输线上的核心人物和最强大的财政天才。

古尔德代表西联公司，一个自己喜爱的公司，现在与互联电报公司争执不下。据说这是古尔德先生最近最为担心的事情。他惊讶地发现这家新公司发展迅速，富有战斗力，而且诱使自己做了几件吉姆·菲斯克秩序的事情。古尔德的合伙人塞勒斯·菲尔德、格林博士、埃克特将军和那些对商业荣誉敏感的人，认为那些事很不公平，比如说最近在约翰·G.摩尔离开城市之际，古尔德的保险柜被撬开，私人文件遭窥探。

杰伊·古尔德不是很好，但他与人吵架从不记仇。两星期前，拉塞尔塞奇对我说："古尔德品性特别善良。尽管古尔德也遭受到了一些切肤之痛的损失，但是，古尔德和自己的团队仍和以往一样，乐观地面对这些困难。古尔德像以往一样游刃有余地处理这些危机，而且给员工提供了同等的机会。尽管竞争从未停止过，但是他决不放弃。目前，那些竞争对手还没有能力对付古尔德。"

在冬季，古尔德先生住在四十二号大街和第五大道拐角处的简朴但宽敞的公寓里，生活品位简单而民主，喜欢家庭生活，完全习惯了享受家庭生活的乐趣。

古尔德先生既不吸烟，也不喝酒。他爱自己的家人，每天晚上10点钟就寝，早上6点钟起床。古尔德先生有一个很好的图书馆，可供选择的书籍很多，历史方面的书也很多，而且不上班时，古尔德是一个读书很用功、时间抓得很紧的学生。古尔德像拉塞尔一样，不信教，但有时会去教堂做礼拜。

古尔德夫人是米勒先生的女儿，以前是本市的食品杂货商。她是位安静、雅致和有风趣的女士。她养了6个孩子，3个男孩儿和3个女孩儿。3个男孩儿都随父亲经商，老大叫乔治·J.古尔德，一个22岁的青年，是W.E.康纳公司的成员。杰伊·古尔德本人是特殊的合伙人，康纳是古尔德先生称之为"沃什"的密友，是从给古尔德先生做勤杂工干起的，现在也是一位百万富翁。

古尔德避暑别墅位于哈得孙河以北、欧文顿附近的"林德赫斯特"，占地600英亩，是美国最好的温室和葡萄园之一。从世界各个角落运送来珍稀的植物和花卉，直至每个地区和子午线的精选植物汇集于此。古尔德先生对植物学做了深入的研究，并可以叫出大多数植物的名字。在古尔德先生的画廊里，有数以百计的珍贵油画。他喜欢现代派艺术，最好的作品有法国大师梅松尼尔、米勒、德洛罗什、布格柔和德拉克洛瓦等人的佳作。

在办公室，古尔德沉默寡言、用词简洁。古尔德的同事和职员学会了从一个词或一个表情来理解古尔德的意思。每天，古尔德的邮件会因为几十封求助信而经常受阻。这些信从来就没有到过古尔德的手上，都由他的秘书销毁了。古尔德同意圣人拉塞尔和其他富人的观点，即避免慈善机构杂乱无章，他只资助那些已经得到证实的事件。在黄热病盛行期间，古尔德致电孟斐斯市市长：“告诉我你需要的所有钱。”

古尔德先生很少玩球，一般不关心社会；也从不炫耀，从不看小说；大部分业余时间都在那个堆了5000册图书资料的大房间里度过。

瑟洛·威德

50年的记者

THURLOW WEED.

1797年11月15日，瑟洛·威德出生在纽约州格林郡的卡茨基尔，是一位美国资深的新闻工作者。为了转换命运、碰碰运气，瑟洛的父母从康涅狄格州的斯坦福移民至此。瑟洛的父亲乔尔·威德是位诚实守信、正直勤奋的车夫，但是他总是时运不济，无论如何努力工作，还是落得债务缠身、身陷囹圄。在瑟洛的回忆中，去狱中探望受监禁或生活受限制的父亲，占了自己生活的很大一部分时间。

顺便提一下，瑟洛·威德起初叫爱德华·瑟洛，是一位领主的名字，但他很快就换了名字。在共和国初期，当时很少或没有为穷孩子提供教育的学校，所以，瑟洛小时候只能待在家里，帮家里干活，偶尔也能跑跑腿和干零活，借以补贴家用。在10岁那年，瑟洛开始自谋生计。刚开始，瑟洛应招成了一名船上的侍者，后来成了"杰弗逊"号船上的甲板水手，再后来又在"漫游者"号船上工作。瑟洛的整个夏天都是在船上度过的，一月能赚几美元，都高高兴兴地把钱寄回家。

在海上航行了一年之后，瑟洛实在无法忍受爬桅杆时晕船带来的极大痛苦，下决心辞掉了这份工作。在这段航海经历中，瑟洛生平第一次到纽约，在那里，他帮助乘客将箱子运送到旅馆，挣到了第一枚先令。1808年冬，约尔·威德把家搬到了纽约更往西的科特兰郡的辛辛纳塔斯。年轻的瑟洛一直努力从事新的工作，在钾碱厂和制革厂帮过工，伐木、搬运、围篱、开垦林地、耕作，在本地做过其他一些农活。瑟洛在这儿的一所乡村学校读书，上了几个月后，他学会抓住一切机会满足自己日益高涨的求学热情。

1811年冬，瑟洛到位于纽约州奥内达加郡的奥内达加一个叫火鲁的地方，在一家小周刊杂志社里做学徒工。这家周刊是由西奥多·C.费伊负责出版的，名为《猞猁》，在这里他初步实现了儿时的愿望。起初，这里的工作人员让这位个子高大、身强力壮但不太灵巧的年轻人"踩踏生毛皮"，在老拉梅奇出版社做点体力活。但是，他很快就从学徒一跃成为了熟练工人。随后为了挣更多的钱，他步履艰难地跋涉在许多城镇之间，在几家印刷社做兼职。他工作或经历过的地方很多，有火鲁、曼里乌斯、奥本、日内瓦城、奥尔巴尼、纽约、赫尔基摩和库佰斯顿等地。

在1812年战争期间，年轻的威德身列行伍，并于1813年被编到皮特里上校的赫尔基摩郡军团。不久以后，他荣升为一名军需官，并在纽约的萨基特港度过了数月。战后，威德在纽约富兰克林广场和珍珠大街的几家事务所工作。一次偶然的机会，他与大出版公司老板詹姆斯·哈珀成为了同道。威德是个卓越勤奋之人，可他后来在剧场里放荡不羁，沉迷于戏剧。一次，他散步至Battery的度假胜地，这个度假胜地在当时只向上流社会开放，在这里，威德结识了都市名流，很快也认识了一些政治要人。当威德在印刷社工作时，就体现出对政治天生的敏感。在地方会议以及选举投票期间，因为选民选举权资格问题，威德被剥夺了投票权，可他仍然是一名活跃分子。1818年4月，威德先生与纽约库伯斯顿的凯瑟琳·M.奥斯特兰德小姐喜结连理，她具有敏锐的洞察力、谨慎的态度、勤劳的作风、对宗教的虔诚和持家的美德。她生活节俭，这在很大程度上弥补了丈夫微薄的收入。

婚姻使威德开始寻求地位更高、报酬更丰厚的工作，并渴望成为一名编辑。1818年12月，他在希南戈郡的一家出版社任编辑。在那里，他创办了《共和党农业周刊》。在政治上，这是属于支持克林顿的刊物，同样也支持建造伊利运河。1821年，他收购了《曼利乌什时报》，一两年后又将其卖出。之后，他去了罗切斯特市，并设法做了

《罗切斯特电讯报》助理编辑，随即整个报纸的掌控权就操持在他手里。凭借他的机智和时事写作及管理能力，他很快在当地赢得较高的威望和尊重。

当罗切斯特市需要建立银行时，毫无疑问，威德被推选到奥尔巴尼担任行长的特权。因为他工作出色，1824年，罗切斯特市将他派到了州众议院。在立法机构的一年里，威德展示出了超常的政治驾驭能力，这也是他后半生所具有的特色。据说，他通过高超的管理能力和立法会议，在党派压力下，使原本打算投杰克逊将军赞成票的立法核心小组顶住了压力。最后，立法核心小组以混合选票的方式，按照自己的意愿进行了投票。最终结果如下：亚当斯，26票；克劳福德，5票；克莱，4票；杰克逊，1票。

回到罗切斯特市之后，他成为了《罗切斯特电讯报》的编辑，并享有一半股权。因为他的加入，电讯报的发行量和影响力也与日俱增。威廉·摩根上尉和反共济会会员的神秘失踪以及反共济会会员扬言的谋杀，成为他人生的主要部分。因为他支持反共济会，所以他所经营的如日中天的《罗切斯特电讯报》因此失去了共济会会员的经济支持，而逐渐衰败萎靡。

很快，反共济会在西部地区不但得到了提名，而且还着手选举了自己的公职人员。本次选举的成功，更使得反共济会在当地获得了极大的声望，甚至在全国都占有一定的支配地位。新党有着几项紧急的任务，其中之一就是在州首府成立机关报，但是，当地的立法机构已经有了颇具名望的代表刊物，于是，党内达成共识，一致提名由威德来创办这份刊物。很快，刊物的基金就到位了。1830年3月22日，《奥尔巴尼晚报》开刊。夏季来临前，《奥尔巴尼晚报》就正式成为反共济会的核心刊物，这次威德亲自组建了刊物团队，他任总主编、执行编辑、新闻编辑、本地通讯员、立法会记者和校对员。白天处理报纸的所有事物，日理万机；晚上则进行政治协商，参政议政。

1837年是杰克逊和范布伦的金融贸易政策所导致的大恐慌时期。据称，这给辉格党人带来了推翻摄政统治和控制纽约的希望。1838年，苏华德和帕拉迪分别赢得了州长和副州长之职，并且辉格党人在州众议院也占据多数席位。随着该党权力和声誉稳步攀升，威德发现自身发展的空间随之加大。以前，他组建的只是一个小党派，而现在他已成为公认的富有声望的长官、州政府的政治领袖，并将逐渐掌管整个国家事务。一般而言，党团的发展受其机关刊物的指导，而州里的政客们遇事也经常和党刊的主编威德进行协商，威德遂被称为"独裁者""垄断者""老爹"等。

也许，再也没有人能像威德那样对一个党有如此大的掌控力，或者说在同辉格党的交往中，也许再也没有人的建议能发挥如此大的影响力。

他能左右逢源的最大秘密是他公正无私，从不为自己谋职，也不接收任何职位。在他众多品质中，有一个最为显著的品质，就是他拥有为合适职位选择恰当人选的洞察力，这一点无不受人钦佩。1838年，辉格党中央委员会筹划出版竞选刊物。为了寻求一名优秀的编辑，威德去了纽约并带回了荷瑞斯·葛雷利。在后来的竞选活动中，正是葛雷利编写了《杰斐逊主义者》和1840年总统大选时的《木屋》。

威德是一位一丝不苟、严谨的新闻工作者，也是一个讲究实际的政治家。他有准确无误的记忆力、众所周知的机智、不可思议的直觉以及高超的驭人之术。与那些身在宝座、手握大权的人相比，威德更喜欢垂帘听政。上自副总统、下至奥尔巴尼市市长，很多人多次催他参选，都被他婉言谢绝。他曾经帮助过的3位总统，曾3次推举他率领英国使团。在哈里斯堡大会上，威德起到了十分重要的作用，他并没有按照亨利克莱所希望的那样，而是怂恿大家选哈里森将军。随即，一场"苹果酒和小木屋"（民主党和辉格党都竭尽全力证明自己是普通民众的朋友。辉格党人到处盖木屋，免费提供果酒，在户外举办几千人的竞选大会，管酒管饭）的旋风席卷了整个国家，这无疑将他的智慧展现得淋漓尽致。随后，威德提出的关于内阁成员的建议和其他成员的重要任命，都得到哈里森将军的欣然接受。哈里森将军也使纽约邮政部部长弗朗西斯·格兰杰得到了联邦政府的眷顾，这也是威德所喜闻乐见的。然而，辉格党的胜利却是昙花一现，哈里森将军在获得提名后的数周内就辞世了。

1843年，威德第一次去了欧洲。在旅欧的数月里，他将旅途的所见所闻以信件的形式寄回报社并广为发行。1851年，家庭的不幸使他深受打击，他唯一的儿子也撒手人寰。威德于初冬再次踏上了欧洲的土地，并在那里逗留了数月之久。

1856年，第一届共和党全国代表大会在费城召开。当各方都建议苏华德参议员为候选人参选时，威德不愿意看到他喜欢的人选举受挫，于是说服纽约代表团拥护弗里蒙特将军，并使其获得提名，因此，共和党人在纽约瞬间取得了胜利。在纽约8万名选民中，弗里蒙特获得了大多数人的支持。但是，最终约翰·A.金当选州长，其党团也控制了立法院。其实，威德是希望他的好朋友威廉·H.苏华德当选总统，为了使他朋友在芝加哥选举票数第一位，他使出了浑身解数。纽约的共和党人也结成联盟，并联手将他们推选的候选人称为"宠儿"，所做的一切看上去似乎都天衣无缝，甚至连威德也认为万无一失。但是，实际结果却出人意料。连威德都说苏华德竞选失利，似乎是命中注定的，是天意。

事实上，当大会投票进行到第三天时，苏华德团队失望地发现，原本寄希望于卡梅伦旗下的宾夕法尼亚州，却开始反对他们了，宾夕法尼亚州放弃卡梅伦，转而支持林肯的这一改变，使得被称为"劈篱人"的林肯获得了提名。毫无疑问，这对志在必得的苏华德来说是一个沉重的打击。在林肯获得提名后不久，正当威德他们要离开芝加哥时，支持林肯的大卫·戴维斯和伦纳德·斯威特找到了威德，并对其进行游说。威德十分坦诚地告诉他们，他正在为大会期间所发生的事情感到痛苦，无法讨论，甚至无法思考此事，并且他还准备启程去爱荷华州，并打算在那里待上一阵子。

在他们强烈的要求下，威德在他返程的途中，在一个叫斯普林菲尔德的地方停下来，并会见了林肯。关于这次会面，威德后来写道："1848年秋天，我和林肯会面，当时他已经掌控了整个新英格兰地区。他展现出了极强的判断力，人性的良知、政治家的美德、灵敏的嗅觉以及他温和的性格，都使我很快被他有言必行的责任感所打动。整个会面持续了5个小时，当火车抵达目的地，我们即将分道扬镳之时，我突然想改变我的主意，希望能加入他的阵营，并决心支持他。他的才能和正直给了我信心，并使我倍感振奋。"会见结束后，芝加哥的事情也就消失在了刊物的社论中。

当总统竞选辩论的结果已见分晓时，在他人的劝说之下，威德拜访了林肯，并对其组阁方案提出了自己的建议。在这次会晤中，他第一次知晓了当初宾夕法尼亚代表团为苏华德投下反对票的原因。原来，有一批共和党人骨干开会讨论时，就解除财政部部长之外所有内阁职务都取得了一致意见，可这一职位没有进入讨论议程。威德询问了财政部将由何人掌管，令他惊讶的是，答案竟然是西蒙·卡梅伦，那是为他预留的职位。针对此安排，一些人提出了反对意见。最后，不得不修改安排，卡梅伦最终被安排在美国陆军部。总统和威德之间有一种默契在悄然生长，在许多斗争的重要关头，总统都能够赋予威德最细微、最重要的任务，并给予他极大的信任。内战爆发前夕，总统托付他一项重要使命，让他保护好纽约《先驱报》，使其发挥应有的影响。那家刊物博得了南部地区的同情，而南部地区对林肯的抵制，又加剧了叛乱的危险。这时，在欧洲发行量很大的《先驱报》，在国外始终控制着公众情绪，为确保报纸的导向性锁定了胜局。后来，内阁召开会议并决定由威德来完成此任务。在以往的30年中，虽然威德与班尼特素未谋面，但在林肯总统的紧急召见下，威德给班尼特捎信，希望与他见面，班尼特应邀在华盛顿赴约。于是，威德在华盛顿高地会晤了班尼特。

两位编辑在桌旁坐了很久，谁也不直接提及关于《先驱报》的政策事宜，最后还是威德先生切入主题，他劝说班尼特，作为一名有影响力的新闻工作者，应该对时局有清醒的辨别，要对政府及国家有责任感。于是，《先驱报》作为国家报纸，第二天就发挥了它强有力的作用。之后，林肯又派威德驻英国和法国承担重大的使命。林肯先生认为派这样一名经验丰富、智力超群，又对当下叛乱爆发局势有充分了解的人，到国外去纠正公众的错误认识、阐述美国政府的态度以打消公众对美国政府的疑虑，是极有必要的。特别是在英国和法国，有相当数量的分离主义分子，已经在许多地方蠢蠢欲动，并决心与北部联邦政府分庭抗礼。他们说服威德接受此项任务，并于1861年11月6日，威德与大主教休斯作为专员陪同一起启程。

南方代表梅森和斯莱德尔也和威德、大主教二人登上了去往欧洲的轮船。他们在英国和法国所感受到的气氛和在国内一样，战争即将来临。历史和传统使他们得到了法国的同情，却招致英国的敌对。正如威德所叙述的那样，当时除拿破仑王子对我们十分友善外，其他法国人对联盟都持反对态度。但在关键时刻，法国特伦特号事件的发生，又使局势进一步恶化，英国也被卷入了战争中。此时的局势给人的感觉是，除非释放南方专员梅森和斯莱德尔，否则战争将不可避免。

事态尚不明晰之时，威德于1861年12月初到达伦敦，第二天便会见了麦卡洛·托伦斯。威德是经他的老朋友、著名的慈善家皮博迪引见给托伦斯的。托伦斯告诉威德，他的到访非常合时宜，并建议他一定要立刻会见罗素伯爵。威德建议先向部长亚当斯先生请示，并尽可能安排。"不行啊！"托伦斯说，"没时间了，你明天就得见伯爵。"随即他告诉威德，他会安排威德与伯爵会面，并于当天晚上就通知了威德会面的时间和地点。

这位陌生的英国伯爵是如此的绅士，对威德所表现出的热情，令他感到惊讶无比，甚至怀疑他们可能揣测到了亚当斯的意图。但是，这种疑虑很快被这位绅士的态度打消了，他告诉威德他会尽全力给予他及时的帮助。当天，威德与J.爱默生·泰能爵士会面，并共进晚餐，同时还会见了一些后来证明是主战派的人。在所有的人中，有一位陆军上校次日就要离开伦敦，到利物浦乘船前往加拿大。人们频频向上校敬酒，微带醉意的上校还即席作了个简短而又令人振奋的战争演说，他表示作为一个英国人，应该维护大英帝国的尊严，抵制任何玷污国旗之举。威德坐在海军上将佩吉特勋爵的旁边，佩吉特勋爵告诉威德，从1815年起他们就开始为这场战争做准备，他们夜以继日地在码头上做着积极而充分的准备，如今箭在弦上，蓄势待发。

威德这时想起，在参观著名的伦敦塔时，附近的船坞总是时时传来武器搬运工上船时发出的叮当声。餐后，威德回到了宾馆，他见到了托伦斯。托伦斯建议他在次日11点离开伦敦，去罗素伯爵位于彭布罗克·洛奇的乡间别墅。第二天，在罗素伯爵的乡间别墅，威德独自拜会了这位大臣，并受到热情接待。但是，谈话一开始，双方就陷入了尴尬，因为罗素伯爵坚持要交出梅森和斯莱德尔。在讨论完挽回大英帝国颜面的问题之后，双方才得以进入其他的议题。值得庆幸的是，双方渐渐不再感到约束。罗素伯爵解释说英国女王倾向于南部诸州，并给予其交战权。并且，他已认定北方政府才是真正的侵略者。在一个半小时的会谈中，威德使出浑身解数，极力淡化英国人的这种想法，但收效甚微。到了午饭时间，会谈则变得不那么重要。和罗素伯爵会谈完毕后，威德又在客厅和伯爵夫人进行了几分钟的谈话。当威德起身向伯爵夫人辞行时，伯爵夫人打断了他的话："您一定应该在洛奇四处转转，不是吗？"

在参观洛奇时，伯爵夫人向威德展示了洛奇的历史，这使威德倍感亲切。在散步期间，伯爵夫人说，女士本该对国家的机密一无所知，但她还是听到了一些事情。有些事情她们也不愿那样，但没有任何办法。伯爵夫人告诉他，在美国困难时期，女王陛下是同情美国的，但与此同时，英国女王又十分在意王子，在意威尔士亲王，她会极力避免英美关系破裂。从伯爵夫人的话语中，威德看到了一丝希望，带着这一丝希望，威德回到了宾馆，他对这次会面的结果非常满意。

正当威德焦急地等待政府就南部联盟专使问题的态度时，他收到了英国下院议员亚瑟·金奈尔德先生的信件。金奈尔德先生在信中罗列了十分确凿的证据，证明女王陛下此刻已不再对联盟专使问题加以追究了，这一消息，让林肯有些许宽慰。几天后，威德在伯爵夫人那得到了证实。幸运的是，威德又得到了更高层的支持。亨利·霍兰爵士（女王的御医）成了威德行馆的座上宾。后来，亨利爵士也去了纽约，并成为威德家最受欢迎的客人。女王给亨利爵士透露了一些消息，那就是专使事件问题被送到皇家等待签署时，女王和掌玺官帕默斯顿以及王子之间所发生的事情，不论女王和阁中大臣们如何讨论，有一个本质的秘密问题始终悬而未决。然而，威德觉得除了对他的亲朋好友以外，他的智慧已经不足以对实际情况做出合理的解释。可是女王已经在3个不同的场合表明，在叛乱开始的一年中，她会尽心维护英美两国之间的和平，并在两个场合拒绝了使法国政府蒙羞的建议，这一切已经足够了。随着亲王病情的恶化，女王建议御医在温莎城堡再为亲王做一次会诊，并将其书写的东西送到苏华德那里。亨利爵士告诉威德，这可能是亲王最后一次握笔了。

正如我们所知道的那样，南部叛乱的诸州与华盛顿联邦政府间的冲突日益剧烈，英国和法国的矛盾也日渐明显。法国的皇帝无疑更青睐于南方诸州，即使在有损美国政府的情况下，也会对南部叛乱诸州给予援助。英国风暴一消退，威德立刻和温菲尔德·斯科特将军一道马不停蹄地赶到了巴黎。在途中，将军十分大胆而坦率地向威德表明了他对美国问题的关切。一到巴黎，这封信就在各大英法主流报纸上相继转载。

从拿破仑王子那里，威德了解到了他对南北局势的关切。这位拿破仑王子与法国皇帝最大的区别在于，他对美国政府很友善，并试图为美国提供帮助。威德一直都在为美国政策做解释和辩护，得益于威德高超的技巧和不懈的努力，英法与联邦政府的对立才得以化解。1862年1月，威德曾劝法国皇帝修改在国民议会上的一段演说。因此，皇帝在提到联邦政府时，语气不再是严厉抨击，而是十分友善。拿破仑王子由于公开表明对北部联邦政府的同情，而遭到了拿破仑三世皇帝的疏远。因此，威德转而联系皇帝的兄弟莫赫尼王子，试着通过他做皇帝的工作。

查尔斯顿港受阻后，莫赫尼王子开始反对联邦政府。他公开指责这种阻挠是史无前例的，严重损害了法国的商业利益，导致美国南部的棉花无法出口到法国。针对王子的抗议，威德以乌得勒支条约中的条款扭转了会谈形势。因为条约中规定，如果要拆除敦刻尔克的城市要塞，填塞港口，清理水闸，这一切费用都得由法国承担！在后来出版的《政变》中，威德写出了他将乌得勒支条约抬到桌面所造成的结果："当这位大人反复认真地阅读条款之后，他提到了昔日的荷兰，即战时的英国同盟国，因为当时的要塞和港口只是部分损毁，在签订这份条约结束战争之后的两年，又抱怨该条款没有被认真地履行。如果不是因为乌得勒支条约，今天的敦刻尔克可能会成为繁荣的大的商业港口。然而，它如今一点港口的样子都没有，完全是一个无足轻重的小镇。

稍作停顿之后，莫赫尼说，他将在第二天晚上陪同外交大臣米图弗内尔去图雷伊，届时会有人向他们宣读皇帝的演说……在皇帝的演说辞中，有关美国的一段记录，原本措辞严厉的语言被友善的话语所代替，场面似乎有所缓和，但威德估计这对联邦政府而言，价值并不大。

1862年威德从欧洲回到纽约。纽约政府对威德为国家自由所做的一切表示了感激之情，他的几名好友也送给威德一件贵重的银质纪念品。此后，这个纪念品成为威德家的传家宝。

1863年1月，威德辞去了《奥尔巴尼报》老板和编辑的职务。在1月28日的告别演说中，他说明了做出如此决定的原因。"我们现在已经进入了不幸的时刻，"他说，"我们的国家将要面临迫在眉睫的危险，我实在无法认同我党提出的对叛乱所采取的所谓的'最好的措施'，因为这其中存在着根本上的、不可调和的分歧。我既不能将我的观点强加于别人，又无法放弃我神圣的信念。是同我所尊敬的人们作斗争，还是退缩？如果要我做出选择的话，我会毫不犹豫地选择道义为我指引的和平之路。如果那些与我意见相左的人是正确的，那么国家将会安然度过冲突，也不会有人受到伤害。如果不是我年岁已大，手脚都已经变得无力，我会投身于军队，因为每一位公民都有义务站出来保卫我们的国家，保卫一个为了我们能够生活得安全、富足、幸福而一直对南方包容的政府，这是每一个公民最基本的权利，以及不得不承受的义务。但是，这会让一个文明的社会步入毁灭的深渊。"

战争结束以后，威德退休在家，居住在纽约的寓所里，但他仍然对公众问题有着极大的兴趣，并经常把自己对当时一些议题的看法，告知首都的出版社，并时常缅怀往事。1872年，威德又在政坛活跃了很短的一段时间，这个经历了过去的老练的名字，并没有输给共和党内在纽约大会上雨后春笋般成长起来的约翰·A.迪克斯将军，而且威德通过巧妙一招使自己获得了州长的提名。

共和党在选举中的胜利，再次证明了威德非凡的智慧。1880年3月22日，为了庆祝创刊50周年，威德再一次出任了《期刊》杂志为期一天的编辑。威德留下了3个女儿，一位嫁给了纽约州奥尔巴尼的威廉·巴恩斯，一位嫁给了纽约州莫里斯尼亚的詹姆斯·奥尔登，还有一个女儿，自从30年前威德的妻子去世后，就一直陪伴在威德身边的哈里特·威德女士。威德过世后，留下了100万美元。

4 行为准则

礼节是人们在社会交往中需要遵循的基本准则，不论是简单的还是繁缛的礼节，人们都乐于去维护它的完整，将其代代相传、忠诚遵守。真正的礼貌发自内心，发自为他人着想的无私和使他人能够获得快乐的奉献。如果这种自然的冲动，按照礼节规则被优雅地表现出来，那么礼节将注定变得优雅、完美。

礼仪

要说礼节，只不过是一个像法律一样的东西，成文的和不成文的，都起到了约束人类文明和区别于野蛮人的作用。也就是说，礼节变得繁杂，生活也就变得有点繁杂了。礼节也是人们在社会交往中需要遵循的基本准则，不论是简单的还是繁缛的礼节，人们都乐于去维护它的完整，将其代代相传、忠诚遵守。

礼节像其他人类制度一样，也是容易被滥用的，它可以从创造舒适生活的方便、健康的方式，变成束缚自由和安乐的不便、繁杂的生活包袱。

如果礼节要成为完美的东西，就要像一件合身的衣服一样，把人装扮得漂漂亮亮，而不是成为不太合身反倒束缚人们活动自由的衣服。

很多人都听到过这么一个故事，与一位熟谙礼节知识的绅士有关。当这位绅士看见一个人掉在了水里，他便赶紧脱掉了自己的衣服，准备跳入水中救人，可一想，他还没有像那位在水中挣扎的人介绍自己，于是又将自己的衣服重新穿好，恭敬平和地作起自我介绍。可见，过于严格地遵循礼节，使人变得可笑而讨厌。

正如查斯特菲尔德勋爵所说的那样，"有很强的判断力、温和的脾气，为了他人能够做一点自我克制，同时也期待别人同样对待自己"，这样才能算作有好的教养。

培根也在关于礼节的佳文中写道："根本不使用任何仪式，就是教导别人不要再去使用，因此就会减少别人对自己的尊敬；尤其对陌生人和在正式场合中，这些仪式是不能省略的。但是，仅停留在礼仪上，将礼仪吹得天花乱坠不仅显得拖沓冗长，而且也降低了讲话人的忠诚和信誉。"

那么，让我们再次引述查斯特菲尔德勋爵的话："通常，有很强的判断力、温和的脾气，这些美德会使人端庄，但是好教养却包含许多微妙之处，这只能通过习惯逐渐培养。"

正是这些"微妙之处"道出了礼貌与礼节的不同。礼貌是对他人天生的尊重，哪怕是在粗野的村夫心中，也能找到礼貌的出处。但是礼节不然，它是一种外在的、只有居住在好的社会环境下，才能习得的行为表现，当然这种习得的途径可以通过观察，也可以通过引导。

将礼节视为一种虚伪并认为粗俗的行为，比经过修饰的行为更能体现出真诚和坦率，这样的论据极其蹩脚。难道说坦诚就非得像刺猬一样，将刺都竖起来并总是给人以冒犯的感觉吗？难道说坦诚就没法以一种仁慈、文雅、谦恭的方式表达出来吗？就非得要不假思考地、粗鲁地脱口而出，一定要给对方造成伤害和困窘才好吗？的确，自然的行为包含了真诚，但是摒弃粗鲁就会损害诚实吗？

　　真正的礼貌发自内心，发自为他人着想的无私和使他人能够获得快乐的奉献。如果这种自然的冲动，按照礼节规则被优雅地表现出来的话，那么礼节将注定变得优雅、完美。

　　一位英国作家曾说："礼节是生活中的道德辅修课，然而礼节多为他人考虑，不能将其视为微不足道的小事。同时，礼节对已经锈得吱吱作响的生活的车轮，起到了润滑的作用，而这比起财产和地位来说，会更有成效。"

　　一位当代法国作家也说："要想做到真正的礼貌，就要立即做到友善、公正和慷慨。"

　　"真正的礼貌，是精神层面上被称作谦逊、无私、慷慨的一种内在的美德，也是将这种内在美外化的可视符号。有教养的人的礼貌，事实上是其灵魂的标志。纯净的生命能够发出纯洁的声音，正直的行为能够锻造诚实的思想，高贵的血统、思虑以及练习能够生成文雅的举止。一位真正的绅士，完全不用伪装自己。他会避免别人的敬辞，而不是苛求。形式上的礼貌，丝毫引不起他的兴趣。他不仅寻求礼貌的言谈，而且寻求礼貌的行为。虽然他真诚而又热忱，他会以自己的方式严格控制住自己的殷勤热情。他会选择具有良好素质和言谈举止的人作为朋友，会选择有思想而又诚实的人为佣人，会选择有用、优雅和使自己得到提高的工作为职业，无论这种提高是道德上的、精神上的，还是政治上的，他都会这样选择。因此，我们又回到了最初的规则，即'好的礼貌是优雅本性的表现'。"

　　对于人们来说，最完美的礼貌、最安全可靠的生活指引，还是与基督教规相连，"你希望别人如何对待你，你就要这样去对待别人"。

以此为指导的人不会得不到真正的礼貌，真正的礼貌又会很快地指引自己学习和掌握所有以此而建立的礼貌规则。

介绍

除非你能肯定被介绍的双方都有兴趣认识对方，否则你索性就不要介绍。介绍两位男士的时候，要注意先介绍年长的一方。如果二人存在着社会地位上的差距，则要先介绍地位高的一方，并且要微微鞠躬，对地位高的人说："请允许我为您介绍我的朋友，琼斯先生。"然后转向你的朋友，叫你朋友的名字，就像刚才介绍时那样，再说："斯密斯先生，请允许我为您介绍我的朋友，琼斯先生。"若将一位先生介绍给一位女士，则向女士微微鞠躬，说："某某小姐，请允许我向您介绍以下某某先生。某某先生，这位是某某女士。"

当把几个人介绍给一个人认识时，我们只说一遍这个人的名字，然后再一一重复其他人的名字就可以了，就是这样说："约翰逊先生，请允许我为您介绍詹姆斯夫妇、史密森小姐、刘易斯先生和詹森先生。"当说到哪位的时候，就向哪位微微鞠躬就好。

介绍之后，握手是可行行为，并非必行行为。而且，单身女士向被介绍的男士伸出手也是不太合适的。这个时候，微微鞠躬就可以了。在将年轻人介绍给年长的有社会地位的人的时候，后者可以主动握手以示鼓励，并进行一番寒暄。

当你和朋友在一起走时，遇到了一位十分希望能和你聊上几句的女士，这时你的朋友就得和你一起停下来，而这种情况下引见的人日后见了面也不必打招呼。

如果你和朋友在娱乐场所邂逅，并且朋友的身边还有陌生人相伴，在礼节上也是不必作介绍的，即使介绍的话，日后也不是必须成为熟人。

如果在晚宴上、舞会上，或者任何场合，被介绍的人与你的关系不太融洽，甚至有可能是死对头的时候，那么根据礼节，你必须向对方礼貌地示意，不可在你朋友面前表现出自己的愤恨之情。

如果你想向朋友介绍一个令人讨厌的家伙，那就是对他的侮辱，你的朋友就完全有理由和你保持距离。如果一个有教养的人在街上被介绍给别人的话，那么他应该摘掉帽子。

介绍信

千万不要随便写介绍信，除非为其写介绍信的人是你很熟悉的人，而且还要写给与你有着长久友谊的人。

甚至对于认识多年的朋友，写介绍信也应该持谨慎的态度。因为你介绍去的人，很可能会和你的朋友发生不愉快的事，并且你也没有权利让一个相对的陌生人，对你的朋友表现出热情和礼貌。

介绍信应该写得言简意赅，如果你想向朋友提供拜访者的信息，最好另外写信。

因为介绍信总是当着被介绍方的面看的，所以介绍信写得简明扼要至关重要，要是中间卡壳那就太失礼了。

介绍信常常是不能密封的，应该像任何其他的信件一样被折好并写上地址，但如果不让携带介绍信的人看看你都为他写了些什么的话，那就太没礼貌了。

介绍信不应该亲自递送，而是应该和介绍人的卡片一起由邮差寄送到收信人那里。对方收到介绍信以后应该立即打电话，或者向被介绍人发出一张书面的邀请，而被介绍的一方则应该亲自打电话。

除非双方对会面有着十分浓厚的兴趣，否则请求给予照顾的介绍信是很少发的，甚至不发。

在商务场合，为了商业目的而开出的介绍信，则应该由送信人亲自交送，并且礼节上也不要求被介绍人作为写信人的朋友而大受收信人的款待。

对于旅行者或者想另换住处的人来说，介绍信是再重要不过了，然而在后一种情况，介绍人应该注意只能介绍彼此相悦的人认识，因为将一个人强加给朋友做长久的熟人，是不友好的行为，也许他可能与你介绍的人话不投机。

要是在国外旅行的话，手里握着数不清的介绍信是根本不可能的事，没有人会把介绍信放在皮箱中浪费空间。当你意识到"哦，我可是孤身一人处在陌生的地方"，你肯定不会高估介绍信的价值。

行礼与致意

这个国家里的人们普遍认为，介绍的时候要伸出右手去握手，并且要用整个手去握，仅仅伸出两个手指肯定是一种侮辱，因为这往往是势利小人做的事。除非你被同时介绍给两个人，或者当你是左撇子，或者右手不好使或一时腾不出来，在这些情况下，你要为伸左手道歉。

在室内与朋友握手时，记得一定要摘掉手套，并且要稍微用力握住对方伸出的手。然而在大街上，如果手套一时摘不下来，就可以戴着手套，但是你得为你戴着手套而表示歉意。

握手的时候，不要使劲摇晃对方的手腕，不要夹钳一样使劲挤压对方的手，也不要像拉动铃铛那样拉扯对方的手，也不要将你们的两只手一起疯狂摇动，因为那样会招致麻烦。我们可以紧握对方，但是不必向其展示力量，适度握一会儿即可，然后礼貌地放开。

如果两位男士见面，他们可以用手轻轻触摸自己的帽子以示问候，但不必脱帽。如果其中任何一方的身边有女士相伴的话，双方就要脱帽问候。

当男士走在街上，他可以向坐在窗边的女士微微鞠躬致意，但是万万不可从窗户里向走在街上的女士鞠躬致意。

男士是不可以向女士主动握手的，但是如果女士主动将手伸出的话，男士就不能拒绝，要摘掉手套，稳重而又轻柔地伸出右手，并温柔地摇动几下。

在进入教堂的时候，男士则必须在迈过教堂门槛的同时脱帽。

若男士在楼梯上遇见女士时，也要向其鞠躬致意，哪怕是素不相识。在楼梯下，男士就必须鞠躬致意，从女士身旁走过并且先于女士上楼。要是在楼梯顶上见到，男士也要鞠躬致意，并等待女士先下。

进屋的时候，男士必须将自己的帽子、手杖，以及手套，用左手拿着，以便腾出右手和人打招呼。

如果当一位绅士和朋友一起散步，看到了一个朋友熟悉的女士，那么这位绅士要鞠躬问候，虽然自己也许和那位女士并不熟。

走在街上的男士，要向对你鞠躬的人回礼，即便男士没有认出向自己鞠躬的人。那个人可能以前曾经被介绍给你，而你可能已经不记得他的长相了。要是对方把你误认为是其他人的话，一个体面的回礼也会极大地淡化认错人的尴尬。

在遇到一群朋友时，其中一些你非常熟悉，一些你不太熟悉，你对他们打的招呼不要给人厚此薄彼的感觉。

在朋友家遇到一群你完全不认识的人时，记得既然你们都是这家男、女主人的朋友，又待在同一个房子里，就要把彼此当熟人看待。不厚此薄彼，则能够表明你没有对此疏忽大意，也会防止自己被遗忘在角落。

打电话

在社交中，绅士们一般在如下情况下才会再拜访：

为了回复寄给自己的介绍信，或者介绍信是对方亲自送来的，则要对对方进行回访。

如果自己在另一个城市受到了热情的招待，为了报答所受的款待，或者当款待者来到自己的住处时。

当你的朋友中发生了坏事或者好事的时候，就应该登门表达你的悲痛或者祝贺。

当你长期在国外的朋友或离家一段时间的朋友安全回家的时候，你应当登门问候。

在绅士护送女士回家后，必须打电话问候自己所护送的人的身体健康，但在护送完以后不必耽搁得过久。

婚礼结束以后，在约定的招待朋友的时间内，你需要登门拜访。

当你游历其他城市时，拜访那个城市的朋友，或者拜访你的介绍信收取人。

当请求别人帮助，或给予他人帮助时，拜访也是必要的。

白天拜访不要早于中午，晚上则不要晚过9点钟。

你不可以和朋友一起拜访一位女士，除非他们早就认识，或者说女士已经同意你把朋友介绍给她。

在正式的场合，你必须将帽子拿在手里。雨伞和手杖要留在客厅，但是要戴上帽子和手套。如果是在晚上拜访，那么你就要拿着帽子和手套，直到男主人或女主人建议你将它们放在一边，并且整个晚上会在此度过。严格来讲，一般主人不会有这样的建议，但是如果有，在第一次拜访的时候最好婉言谢绝。

在晚上非正式的时候，客人需要将帽子、手套、雨伞、手杖以及外套全部放在客厅里。

当看见主人穿好衣服准备出门的时候，没有客人会赖在家里不走，临走时对主人承诺说会再来，这样会让主人感到欣慰。

给拜访卡片的时候，最好不要写其他任何文字，写上你的姓名、住址就好。拿着商务名片去拜访私人朋友的人，则对社交礼仪表现得是最无知了。医生的话应该在其卡片上加上某某医生，或者某某医学博士；军官则要加上军衔和军职。

访客在临走前就一直看表，好像在说 "我得走了"，或者暗示女主人对其感到厌烦，这样做是不礼貌的。离开的时候要站起身，对你发现朋友在家表示高兴，并告诉他们自己期待着和他们再会。

佩勒姆说过，他在离开前都会对对方说点什么令对方感动的话，因为佩勒姆知道自己必须给对方留下一个期待再次相会的印象。

要是有其他客人拜访，你立刻起身是很失礼的事情，好像是对方把你赶走的一样，你要寻求一个合适的时机体面地离开。

如果一位绅士看见一位没人护送的女士起身要走，就可以送这位女士到她的车前，即便两个人互相不认识也可以。但是如果他要离开，就必须再回来向主人告辞，并对女主人稍稍鞠躬示意。

如果拜访者走的时候，屋子里还有其他不认识的人，那么也要顺便稍稍鞠躬示意。

在拜访的时候，礼节要求呈上邀请卡。它会表明你曾经拜访过，而且如果朋友们在家里的话，它能防止你的名字被用人弄错。

当房子的女主人不在时，你必须留下你的卡片。当房间里有两位或几位女士时，你需要将卡片的一角向下折转，以表示自己邀请的对象是整个家庭成员。

如果卡片是在动身离开城市前发出的，那么就要在卡片的左角加上"PPC"（道别的寒暄），如果走得比较急，那么就要由用人送过去，但亲自送比较礼貌。

遇到丧亡的情况，一周内就要去吊唁，除非逝者是直系亲属，期限才可以被定在两星期以内。

对于陌生人的首次拜访，要在一星期内进行回访。

已婚的男士就不必亲自进行礼节性的拜访，因为由他们的妻子做这些事情就够了。

一个地方的居民，会首次拜访新来的邻居。

在城市里，不必也不要求为来访者提供茶点，而在乡下特别是当拜访者来自远方时，那么你就不仅要有礼貌，而且还要提供茶点。

如果有一位陌生朋友来家住宿，那些喜欢到人家家里拜访的人，就应尽早去拜访，而这样的拜访也应得到尽早的回访。

一个有教养的人，应该时刻准备迎接访客，除非你生病了，或者某个人病了，需要你的照顾。

穿着沾满泥水的靴子和肮脏的外套，踏进铺有漂亮地毯的起居室，或者身边还立着正在滴水的雨伞，或者把套靴放在客厅，都是非常不礼貌的行为。

千万不要站起来告辞以后再坐回去，再没有比告别两次更让人感到困窘的了。

要是你发现主人要用餐了，就不要再在那里耽搁、逗留。

在拜访中，除非是家里的女主人建议，自己主动将座位挪到火炉旁烤火取暖，将会被视为相当无礼的行为。当你在拜访中，独自在客厅等待女主人时，可以去烤烤火。当女主人进来时，你要起身问候，并在女主人为你所指定的座位就坐。

当你探望病人的时候，没有人建议你进入房间的话，最好就在客厅等待。

要是一位男士长时期卧病在床，那么，女士进入房间探望是可以的，不过别无他例。

在正式拜访中，摘掉手套被认为是不礼貌的行为。

对于拜访者来说，擅自打开钢琴，或钢琴是打开的，触碰琴键是不礼貌的行为。

对于拜访者来说，在等待女主人的过程中在房间里转悠，欣赏挂画和家具是不礼貌的行为。

对于拜访者来说，随意开关门，或者升起、拉下窗帘，或者任意改变房间摆设都是失礼的行为。

对于拜访者来说，转动你的座位使后背朝向某人也是不礼貌的行为。

在拜访的时候，在房间里玩弄饰物、用手指敲家具，或者好像除了在场的人，对其他所有的东西都感兴趣，都是很不礼貌的行为。

一直把拜访时间延长到该吃下顿饭的时候，这是绝对不礼貌的行为，因为那样迫使女主人还得请你吃饭，你也不管人家是否方便和乐意。

为了在一个大房间或大厅里找到一个人，你应该把他的名字写在自己的名片上，然后这张名片自然会被送到你想找的那个人手里。

会话

下面有一些礼仪规则是你在交谈中必须要注意的，如果你无视这些文明的交际习惯，那就会被别人认为是有过错的。

在谈及某人时，不管当事人在或不在，人称代词都应尽量少用，而且如果必要的话还得把所涉及的女士或绅士的名字重复一遍，但是在任何情况下都不能用"他或她"来代替，并用点头或用大拇指示意所谈及的人。

尽量避免使用俚语。如果对一个绅士说俚语，就好像暗示他的阶层很低下而且人际关系很糟糕，而且在任何礼貌的交际过程中，对一个女士说俚语也是不能被容忍的。俚语从来都不能用来修饰谈话，它只能玷污和降低谈话的水平。

不要硬拉着你的同伴一直说些琐碎之事。

不要在你的话里夹杂一些外语。一方面那是假装有学问，另一方面是一种无知的表现。从另一方面来说，别人会觉得你不能很好地用本国语言来表达思想。

尽量避免使用引语，即使用的时候也要尽量短，短小精悍而富有警示意义的引语才可以在某些谈话中被引用，除此之外尽量别用引语。

詹森博士说过："要想很好地交谈，需要做到以下四点：首先，要有知识和材料储备；其次，要能很好地掌握语言；再次，要有别人很难想到的联想力；最后，要有思想以及不被失败所吓倒的毅力。"最后一点至关重要，很多人就是因为缺少它而不能很好地与人交流。

如果说某人以讲故事成瘾而闻名，那对这个人来说就是一种伤害。然而短小精悍的尤其是新奇的逸事，在谈话中却是很适用，一个有教养的人会运用好这些故事。

带有双层意思的语言，甚至双关语绝对不能被用于谈话之中。

政治性和宗教性的话题在一般谈话中也不要谈及。

集中兴趣和注意力聆听别人的讲话，是进行良好交谈的关键，它体现了听者的素质，习惯了社会的人很快就会表现出优雅的气质。

不要在谈话中以自我为中心，在谈话中要严格坚持沃尔斯利主教的教导——"最后才爱你自己"，总把话题扯到自己身上，是不礼貌的行为。

有一个调侃额科斯公爵的笑话，公爵在谈话中总是以自我为中心，为他打印演讲稿的印刷商说："很遗憾，他的文章中的'我'字都占整篇文章的一半了。"

根据地点和时间选择合适的话题，对礼貌的交谈来说尤为重要。庄重的语气和重要的事情是不适合在电话和晚宴里闲聊的；而当聚会的目的是讨论严肃事情时，闲谈也不适合用于作一些介绍。是选择轻松的话题还是严肃的话题，要视地点和场合而定。

　　说话用手势是非常不礼貌的行为，如果你不想招致批评，请安静地交谈，不要用手势。

　　即使你深悟说话之艺术，也要慎用讽刺，它只有在对付别人的无礼，或为了制止诽谤或令人讨厌的打扰时，才能被"请出场"。虽然女士们更容易使用讽刺，但绅士们万万不能对一位女士使用讽刺的语言。在一位真正的绅士眼中，绅士们公认的地位应该能让他们抵挡住讽刺的攻击。如果女士们讥讽个不停，绅士们可以礼貌地抗议，但如果她们还是接着骂，那么绅士们可以离开。

　　即使别人对你的评价很高、你心里很高兴，你也不能喊"为我喝彩吧"，更不能自己给自己鼓掌和打手势，而应该保持沉默，或用其他方式感激别人给你的赞赏。

　　如果别人奉承了你，就要默默地克制住自己。你也不要奉承别人，因为你一定会冒犯任何感情细腻、品格高尚的听众。

　　如果在交谈中对方犯了语言性错误，不管是发音上还是语法上，要忽略那些与你交谈的人的错误，不要露出你已经注意到了的样子。

　　不管对任何人发表演讲，都要记住波洛尼厄斯对自己儿子拉迪斯所说的一个道理："熟悉的不一定是粗俗的。"在交谈中，一个人应该尽量让自己变得令人愉悦，所以就应该温和地说话，并耐心地听别人讲话，哪怕他讲的故事是你曾经听到过的。

　　讲话的时候，不要吹口哨，不要懒懒地靠着东西，不要挠你的头，也不要摆弄衣服的任何部位，那样只会显示出你的笨拙和低素养。

　　不要在和别人的谈话中漫不经心。彻斯特菲尔德勋爵说过："当我在讲话时发现一个人思想溜号了，那我会选择离开！"他之所以这样说，肯定有其深刻的道理。

低声耳语是一种很恶劣的行为，这种行为不能为人们所容忍，私事一定要在私下解决。

除非你真的耳聋，否则千万不要让别人重复说过的话。

不要在别人的演讲过程中插嘴。对于你的同伴犹豫该不该说的话，你给说出来同样是不礼貌的行为。

一般情况下，在谈话中要尽量避免争吵。如果不得不进行讨论，要温和地讨论，如果有必要辩驳的话，要非常礼貌地进行。如果觉得双方不会达成一致，就用愉快、友好的话语结束交谈，以示你没有受到伤害或冒犯。

在对一个人讲话时，要坦然地凝视对方的脸部，绝不要盯着地毯或是靴子。

大笑和傻笑，是非常没有礼貌的行为。

避免谈及丑闻，因为"谈论丑闻就像抢劫，听到丑闻的人和小偷一样坏"。模仿是最低级、最没教养的滑稽可笑的举动了。

害羞不是一种好性格，害羞通常被认为是"呆子的显著特征"。

给别人起绰号是令人厌恶的，这在文明社交中是不允许的。

如果在交谈中谈到了你的朋友们，千万不要把其中一个和另一个对比，也不要把一个人的恶习跟另一个人的美德对比。

不要用痛苦或不愉快的话题引出另一个谈话，如果你突然问你的朋友："你在哀悼谁？"说这话就像撕开他的伤口一样。

在礼貌的交谈中，令听众讨厌的话题或事件应该尽量避免提及。

即使谈到亲密的朋友时，也不能只叫其姓。

不能让两个以上的人同时说话。

如果你想要维护自己讲话真实的品格，那就不要说大话，因为伪善只能让人厌恶。

一个"完善社会"的很有才华的作者说过："顺利进行交谈的秘诀，就是尽量巧妙地适应谈话的伙伴。某些男人应该注意，不要对所有的女士都讲陈腐的话题，好像女人都不务正业似的。相反，另外一些男人似乎忘记了男人与女人所受的教育有何不同，从而犯了相反的错误，谈论一些女士们不熟悉的话题。有见识的女士会对陈腐的话题感到厌烦，就像只受过普通教育的女士会讨厌谈论自己不熟悉的话题一样。对一个气质高雅、才智机敏的女士的最好恭维，就是将谈话引到你对她的杰出成就的欣赏上。

你应该记住一点，即人们对自己的事情最感兴趣，而对别人所提到的任何其他事情都"不感冒"。因此，在谈话中，要引导母亲谈及自己的孩子，引导少妇谈论她最近的舞会，引导作家谈论他将要出版的书，引导画家谈论他的画展作品。

对女人来讲，在交谈中说话温和比讲自己的成就有用多了。最有教养的人所特有的是清楚而又压低的声调，说话声调过低也比过高好。

不要总是以谈论天气来开始每一个谈话，那是思维匮乏的表现。

如果一个旅行归来的人一直在不停地讲"我在佛罗伦萨度过的那个冬天怎么样"或者是"当我在伦敦时，怎么样怎么样了"时，那么，他只会被其他人嘲笑。

如果讲话人没有礼貌、不宽容、不公正，应该保持沉默而不要与其争吵。

不要总是准备改正别人话里自认为不对的陈述，也许是你自己错了。

当你在别人家做客时，千万不要把别人家里的东西跟自己家里的东西进行比较，可能因此而贬低了对方。

街头礼仪

当一位绅士在街上散步时碰到一个朋友，他必须得高高举起自己的帽子致意。绅士之间举帽打招呼就足够了，但当一位绅士遇到一位女士、老者或者牧师时，鞠躬是必要的礼节。

和女士漫步时，没有一位绅士会去吸烟。

在街道上吃任何东西哪怕是糕饼，都会被认为是没有教养的表现。

如果一位绅士想要和朋友握手，他一定用左手举起帽子，腾出右手去握手。他绝不会把左手伸出去或只伸出去一部分右手，肯定会把整个右手都伸出去。

如果一位绅士和一位女士走在一起，他应该帮她拿书、包裹和伞等所有物品。

摇晃双臂是一种笨拙而没有教养的行为。

试图穿过送葬队伍里的车队过马路是粗鲁和不敬的行为。我们赞赏外国人脱帽致敬，恭敬地站在那里，直到灵车通过。

当一位绅士在独自步行时，他一定总会把人行道的上面让给女士、搬东西的人、牧师或者是一位老绅士。

穿过人群时不要粗鲁地推人。如果一位绅士或者淑女真的很匆忙，他们会使用一些彬彬有礼的语言，这比使劲推人更管用。

如果一位绅士和一位女士不得已要通过一块狭窄的小路、木板或滑的地方，这位绅士应该让女士先行而自己在后边提供必要的帮助。如果路程很短的话，那么这位绅士应该先过去，然后伸出手拉一把女士。如果一位绅士在十字路口碰到一位女士或者牧师，哪怕是很陌生的人，出于绅士风度他也应该提供帮助。

作为一位绅士，当你停下来问路时或给别人指路时，必须摘下自己的帽子。

当一位绅士看到一位女士在危险的十字路口徘徊不前，或者要在一个难走的地方下车时，这位绅士应该走上前去、摘下帽子、对女士鞠躬并带她走过十字路口或帮她下车，然后继续赶路。作为礼貌的回应，这位女士可以接受陌生人的这种帮助，谢谢绅士并施以回礼。

如果在公交车上或汽车上由于太拥挤而导致一位女士不能下车，这时离门最近的绅士应该帮女士下车，然后再回到车上。

绅士应该在公交车上帮同行的女士递车费。在公共运输工具上，绅士应该给站着的女士让座。

在大街上大声说笑，无疑是一种粗俗的表现。

绝不要回头看从你旁边走过去的人，那是非常没有教养的行为。盯着别人看，也是极其没有教养的行为。

在公共场合窃窃私语，是非常没有礼貌的行为。

绝不要大声冲一个或许正从附近经过的熟人喊叫。

　　年轻人在碰到年长的朋友时，要在讲话前等待对方跟你打招呼，而且还要对其尊敬地鞠躬。如果你只对其毫不在意地点下头，那么他会觉得那是一种无礼甚至是一种侮辱。

　　如果你在路上遇到两位绅士，而想要和其中一个人说几句话，你应该先对另一个人说声抱歉，并且尽可能地缩短谈话。

　　男士和女士一起散步，男士应该尽量放慢脚步跟着女士的步伐走，而不要让女士紧跟着男士的步伐跑。

　　赖在酒吧柜台旁不走，是非常没有教养的行为。

　　把胳膊肘支在柜台上，是非常粗鲁的行为。

　　推搡旁边的人，是一种粗鲁的行为。

　　一位绅士与两位女士一起走，如果她们愿意的话，绅士可以让两位女士走在自己两边，一人挽他一条胳膊，而他在中间。

　　一位绅士和两位女士在暴风雨中前行，而只有一把伞，他应该把伞让给同伴，自己走在雨中。若看到男士打着伞走在两位女士中间，让雨水从他应该保护的女士们的衣服上流下而自己却毫发无损，这是最荒谬的行为。

　　在大街上谈论私事或者大声喊你提到的人的名字，因为难以知道周围都有谁，所以，这就是非常不礼貌的行为。在公共交通工具上喊着朋友的名字、谈论朋友，是极为粗鲁的行为。

　　当你看到一个朋友并想跟他握手时，要等到你俩走得很近时才伸出手，千万不要在大老远就伸出你的手，那样看起来很傻。

　　转弯时不要全速，否则你会被撞到或者撞到别人。

　　不要在公共运输工具上谈论政治和宗教。

不要停下来和出租车司机吵架。先把钱付给他，打发他走，如果你要投诉，记下他的车牌号，然后到相应的部门投诉。如果你和出租车司机争吵而让随行的女士在旁边站着，这是多么不雅的行为啊！

在汽车或者公交车里改变自己的座位是非常不雅的行为，如果你旁边的乘客的确令人厌恶而你又无法忍受，那你就下车，改坐下一辆吧。绅士可以从拥挤的一侧，移到相对宽松的一侧。

旅行

下面有一些细节性的礼仪，如果你遵循了它们，会减少很多旅途的疲惫和单调；如果你不遵循它们，便会遇到一些不快。在旅途之中，最容易看出有教养的人与没有教养的人，两者之间存在着天壤之别。因为一个国家所有阶层的人都会在公共交通工具上相遇，粗鲁的同伴带来的烦恼就可想而知了。

一位绅士在上车的时候，不能先于女士上车，而应站在一边让女士先上，如果女士向他鞠躬回礼（真正的淑女会这样做），承认他的礼貌时，他要轻轻举帽示意。即使双方完全不认识，而女士需要帮助时，绅士应该主动帮忙。

如果一位绅士答应一位女士担任护送者的角色，就必须小心完成护送者的任务，即使这份差事相当累人。如果约好在码头或车站见面，这位绅士就应该早到一会儿，事先帮女士买好车票，然后帮她检查行李是否缺少，并帮女士找到一个令她满意的位子。在帮女士买票和检查行李的时候，一定不要让女士站在售票处或码头上，而要让她找个安静的小屋先坐着，再回来做这些事。到站的时候，也一定要先让女士坐在出租车里，然后再去拿行李。

到达酒店时，在替女士找到合适的房间之前，要先让这位女士在大厅里待一会儿。尽管她对这次旅行感到很兴奋，你也应该让她赶紧回房休息一下，以去除旅途的疲劳。绅士还应该一直送女士到房间，并问她想什么时候吃下一顿饭，然后到那个时候再来敲门。

"攀比是令人讨厌的"，总是说美国的一切比国外的一切要好得多，这是粗俗的表现。如果你认为国外的东西都没家里的好，那你不待在国内享受最好的东西而跑到国外，这岂不愚蠢。

如果火车停下来让旅客就餐，那么一位有礼貌的绅士应该陪这位女士进餐车就餐，或者为女士带回一些她想吃的食物。如果女士接受了绅士的帮助，绅士一定要注意在女士关注自己的需求之前，先得到女士想要的服务。

即使汽车、舞台或船上没有禁止吸烟的明文规定，但在女士面前吸烟仍然是非常不礼貌的行为。

一般情况下，对着引擎坐的人有权利决定车窗的开关，但如果有女士在场，那么不管女士坐在哪里，我们都应该尊重女士的意见。

独自旅行的男士也许为陌生人，但是应该为女士提供帮助，这是保持恭敬的礼仪。这种做法可以确保陌生人甚至女士们不必担心因接受优先帮助而助长傲慢风气。

教堂礼仪

到没有自己座位的教堂时，即使有空座位，如果没有得到邀请或允许就贸然闯入，是非常粗鲁无礼的行为，你应该等教堂的杂役走出来的时候，让他们带你找到座位并坐下。

一定要慢慢地、虔诚地进入教堂。绅士一定要在教堂门口把帽子摘下，在出来之前都不能戴帽子。

要严格按照要求去做弥撒，如果你对此不熟悉，应该跟着别人一起做。

在教堂之中，不要与同伴耳语。在教堂里不要跟任何朋友鞠躬，做完弥撒之后可以在门厅互相问候。

绅士一定要让开同行的女伴们身边的过道，直到她们到达座位，然后抢先几步，打开门，站在一边，让女士先进教堂，然后自己再进来并关上教堂的门。即使你周围的人很嘈杂或很粗鲁，也不要搭理他们。

如果你将一本书或一把扇子递给与你坐在同一条长凳上的人，或接受书或扇子时，你不必说话，稍稍鞠一躬即可。

如果你发现自己的长凳有地方而且有一个陌生人过来，这时你不要说话，站起来给他腾出空位，让其进来即可；如果你自己旁边没有空座位而发现其他地方有空位，只需站起来给他指一下，并同时要保持沉默。

迟到不仅是没有教养而且是无礼的行为。同迟到一样，在礼拜还没做完便匆忙离开、急着结束、合上并扔掉《圣经》，也是非常没有教养和不礼貌的行为。

不管是别人邀请你还是你邀请别人去教堂，都不要让别人等你。

对于绅士来讲，聚集在教堂的门厅里跟自己熟悉的人闲谈，通常是大声地评论礼拜或聚会，都是没有教养的行为。

对于一种新奇的礼拜形式，表现出不敬则是极端粗鲁无礼的行为；如果你在礼拜的教堂里，采取某种形式嘲笑这种礼拜式，那更是侮辱人的行为。

娱乐场所礼仪

如果一位绅士想要邀请一位与自己毫无关系的女士到公共娱乐场所游玩，那么，在第一次时，应该同时邀请另一位她家里的女士陪同。

绅士邀请女士观看晚会表演的前提，是要为她找到一个舒服的座位，要不然让她坐在不舒服的地方，或者既听不见也看不见的地方，对她来说是很糟糕的恭维。

不要把公共场合当作私人约会的场所，要把公共场所想象成恋爱场所。特别在表演期间，不要大声地交谈，那样是非常粗鲁而且不礼貌的行为。声音低一些就可以了，不过请注意，用低沉的音调说话不等于在耳边窃窃私语！

另外，评论坐在你旁边的人是一件非常不礼貌的行为。

对于公共场合的娱乐，一定不要迟到，不要让别人觉得你是一个不守时的人，竟然连自己的时间都掌控不了。

在剧院里，开幕后要全神贯注地观看演出，闭幕时要关注你的朋友。

如果你想在舞台表演期间和你的同伴说话，请低声交谈，这样你就不会影响附近那些想看表演的观众。

在进入音乐厅或者剧院的包厢时，绅士应该走在女士前面，如果女士周围没有地方，就一直走到座位旁，让自己的女伴坐到里边，而自己坐在外边。出来时，如果绅士不能让她搀扶自己的胳膊，就必须走在女士前面，直到走到大厅，然后再让女士搀住自己的胳膊。

猛烈地鼓掌和大笑都是不雅的，因为把同伴的注意力从表演上转移到自己身上，是不礼貌的行为，即便你自己觉得表演很没意思。

没有一个绅士会把一位女士独自留在公共娱乐场所而置之不理。

在画廊里，绝不要站在画前面交谈以至于挡住其他观赏者的视线，你可以站在一边，或者坐在座位上与同伴交谈。

加入任何一伙要去参观娱乐场所的团队，都是一件粗鲁的行为。除非受到紧急邀请，有礼貌的人绝不会另外组团。

进入音乐厅或演讲厅时，要尽量保持安静。

在公共场所不要使劲从人群中挤过去。

餐桌礼仪

不注重礼节的人，也就不会知道礼节是良好教育的标志。如果这样的人不能养成注重细微之处的习惯，不管在公司、酒店，还是在其他公共场所，他都会在餐桌上表现得过于粗鲁和毫无修养；而那些注重礼节的人，则会表现得轻松而优雅。

在一个人独自吃饭的时候，最好能够做到优雅地进餐，并注意礼仪规范，不要形成坏习惯。因为与别人在一起时，这些坏习惯往往会顺理成章地自然流露，妄想通过瞬时改变的粗鲁人，在餐桌上会"死得很惨"。

吃饭的时候发出噪声，喝汤的时候发出咕噜声、大声地嚼肉、使劲地吞咽、咂嘴、咀嚼食物的时候使劲喘气等诸如此类的就餐习惯，都是很没有教养的表现。

把大块的食物塞进嘴里，也是不好的习惯。当你的嘴里塞满了食物时，恰恰有人过来和你说话，你则在回答之前要么尴尬地停下来，要么冒着被噎着的危险将嘴里的食物飞快咽掉，否则你没法同别人交谈。

坐在离桌子不远不近的地方，身体如果向后靠在椅子上，也是很不礼貌的行为。此外，没有哪个绅士会将自己的椅子翻倒在桌子旁。同时，就餐的人们要坐直身子，但不要太僵硬，舒服就行。

身体要坐直，但不是让你呆板地坐着，自然才是最好的。就餐时，一定要将面包分开，但绝不能用刀切，更不能用嘴咬。吃得太快是很不文雅的，但是，吃得太慢又有矫揉造作之嫌。

作为一名绅士，在吃饭之前，一定要先为女士服务。用面包蘸满肉汁，用汤匙刮取调味汁，用手拿起骨头，所有这些行为都是不合礼节的。在你用餐完毕前，请不要将刀和叉交叉地放在盘子里，这样做会让别人误以为你吃饱了。

在用餐过程中与他人交谈时，请你不要笔直地握着刀和叉，然后将手放在盘子的两边。用嘴吹汤，或者将茶或咖啡倒进小碟中使之冷却，这些都是绝对不会在上流社会中出现的尴尬行为。你应该稍作等待，直到温度降到适合后再饮用，否则你会遭到别人的白眼。

即便你是单独用餐，也尽量使用盐勺、黄油刀和糖钳。如果你想咳嗽、打喷嚏或者擤鼻子，请离开餐桌。如果实在没有时间了，那么就转过头，向后斜靠着椅子，不要正面对着你的朋友，而要用手进行遮挡。

将放有刀叉的盘子、放有茶匙的杯子递给别人，都是粗鲁的行为。在别人将食物盛满之前，你应该将茶匙放在小碟中，将刀叉放在桌上。

当餐桌上还有人在交谈时，请不要刚吃完就很快地离开。如果你确实需要在用餐结束前离开，请务必为你的离开请求原谅并致歉。

如果你在家中使用餐巾环，请折叠餐巾并在需要使用的时候进行替换。如果你是外出就餐，绝对不要折叠餐巾，而是将它放在你的盘子旁边。只有那些愚蠢、粗鲁的人，才会把台布当作餐巾，用餐叉剔牙齿，把手放到盘子里，用餐巾擦脸。

如果你非常不幸地发现食物中出现了令人作呕的东西，比如说汤里的头发、面包里的煤渣、水果中的虫子、咖啡中的苍蝇，请不要大声惊叫或者对别人提起你的不幸，这样会打扰到别人的就餐，你应该悄悄摘除这些肮脏的东西，或者默默地换掉杯子或盘子。

绅士打扮

毫无疑问，一位绅士的穿着打扮，第一项应该是洗浴。只要身体允许，洗浴应该尽可能地进行。夏季早晚都要洗澡，冬季每天至少一次。虽然凉水冲澡非常有益身体，但只有那些拥有良好体格的人，才能坚持全年都用凉水冲澡。尽管体格可以改进，但是一定不要鲁莽地尝试巨大的改变。在夏季，身体强壮、甚至是不太强壮的人都能自由地享受华氏60～70度的水温。但是在冬季，华氏85～95度的水温才是最安全的。在洗浴时，首先要用洗澡专用的刷子，将身体的每一个部分都有力地刷一遍，然后用土耳其毛巾或浮松布仔细地擦干身体。

第二步就是刷牙了，我们每天应该至少用一把好的、较硬的牙刷刷洗两遍。吸烟人士更应该在吸烟之后立即漱口，认真地保持牙齿的洁净。每一个人都应该保持指甲的干净，还要将指甲剪短，保留过长的指甲是非常令人讨厌的行为。

对于那些刮胡子的人来说，还有那些即将结婚的人，我们建议"不刮胡子"。但是，这绝对不能简单地理解为任由胡子滋生。我们应该经常仔细地清洗胡子，适当地修剪梳理，用干净的硬毛刷刷洗头发和络腮胡须，使它们保持洁净。同时，还要用肥皂和温水，好好地清理。任何由修理胡子引发的虚荣都是令人反感的行为，因此，每个人都应该根据脸型确定胡子的形状。除了画家和小提琴演奏者，其他人不要痴迷于留长发。

在装扮上，博布卢莫尔要花两个小时的时间进行精心打扮，而一位绅士仅用一半的时间就能完美地完成所有的装扮程序。

绅士应该保持自己的穿着打扮得体大方，这样才不会引来别人的评论。这听起来并不可笑，事实上，穿着打扮不仅仅意味着裹上衣服和穿戴鞋帽，而是一个人的外在形象，更是对他人的尊重。完美的朴素与绝对的优雅有时成正比例关系，而对绅士的穿着方面，真正的考验则是整体的协调、不惹眼和相称。

总是穿着得体、整洁的人，看上去就像一位绅士。但是，想要穿着合体，就必须有各种各样的衣服。然而，一个人在衣服上的平均花费，应该不超过本人收入的十分之一，没有人能够把自己十分之一以上的收入用于穿着打扮。

《佩勒姆》的作者曾经恰当地评论道："一个人的外套不应该太合适。"因为一个人穿着太合适，看起来就像裁缝店里的假人。

在晚会、宴会、舞会上，要穿黑色燕尾服、黑色裤子、黑色丝质或布料的马甲、细腿的精致皮靴，再戴上一个白色领结和白色的山羊皮手套。在此之前，一定要避免模仿纨绔子弟的打扮，比如说白色丝质内里、丝质衣领等，最重要的穿着礼仪是，衬衫的前面一定要平整。在小型的随意的聚会上，手套就不必戴了，如果一定要戴，就必须保证手套的大小合适，而且要求崭新。

男士的饰物应该是最好、最简单的造型。假的饰物，就像那些虚假造作一样俗不可耐。不但如此，复杂的钉珠和袖口也会因此而显得浮华和低俗。绅士若能配上一套好的钉珠服装、一块金表和一个美观的戒指，肯定不会在晚会上因为服装而有失礼节。

最后，男士的饰物应该有别的用途，不应像女士的饰物那样仅仅用于装饰。男士们上午适合穿彩色的衬衫，但是颜色要素净，花色图案要小。那些引人注目的花哨衣服，是极其令人讨厌的。在通常情况下，男士们应该选择黑色的帽子，夏季可以戴便帽和草帽。男士的衣服应该十分洁净，绝不能陈旧破损。任何一位绅士，绝不会让自己穿着破损的衣服。

在国内或国外旅游时，绅士们会选择一些质轻的羊毛布料、法兰绒衬衫、厚靴子和所有相搭配的东西。如果你想穿得像一位绅士，以下3种东西是必须考虑的，即费用、舒适度及社会。如果这个世界上有一件事情让我们可以接受任何程度的道德确定性，那就是我们必须为裁缝的辛劳付款。因此，如果我们的收入与需求不成比例，就必须记住这句古老的谚语——"量布裁衣"，即在少花钱的情况下，穿得尽量得体。

其他

　　绅士必须给女士摆椅子，为她们开门，或让她们进来或让她们出去，移开任何挡住她们前进的障碍，拾起任何她们可能掉落的东西，哪怕绅士与女士们并不认识，也一定要这样做，否则，他就不足以成为一名绅士。

　　作为一名绅士，在旁人阅读或写字的时候，绝对不能越过别人的肩膀窥探。在与人交谈时，绅士绝对不会为自己的性格感到内疚。无论绅士们多么的敏捷和幽默，都不会在语言上变得粗鲁和粗俗。

　　在遇到有女士从身边经过时，绅士们一定会站在旁边让道，一定会摘下礼帽并微微地倾斜自己的头，以示友好。

　　那些烦躁不安、玩弄表链、抛手套、吮吸手杖的头部或太阳伞的手把、过分地讲究衣领或领结的人，都是低素质群体的标志。摇晃脚、踢脚、用手指在桌面或窗户上敲打，都是违反礼节的行为。

　　对于那些你不太了解的人，直接用他们的名字与他们进行评论，是一件极其没有教养的行为。在别人背后鬼鬼祟祟地暗指，也是粗鲁的行为。而且，阿谀奉承也是违反礼节的行为。

　　约翰逊说："在所有的野兽中，保护我脱离暴君；在所有的驯服者当中，保护我远离阿谀奉承者。"因此，不管是商业约定、娱乐约定、与女士约会，还是和别的先生有约，绅士们是绝不会违约的。要是对一位女士违约，那就毫无疑问把女士永远得罪了。

易怒是一种不礼貌的行为。瓦茨说："为小小的琐事生气，是心胸狭窄和孩子气的表现；动怒和狂怒是粗野的行为；没完没了的愤怒，就类似于恶魔的坏脾气和粗暴的做法；预防和制止迅速上升的怨恨，是聪明的行为，也是勇敢和神圣的代名词。"

严格守时成为绅士的标志，任何其他东西都无法企及守时的魅力。让别人等候是一件极其失礼的行为，也是一种完全不近人情的行为。

如果一个人粗鲁甚至不耐烦地回答客气的问题，那么，这个人就失礼了。即使别人给你带来了麻烦，或者打扰了你，你也应该和善、礼貌地回答人家提出的问题，因为回答别人的提问不会占用自己过多的时间。相反，如果刻意不回答，则有失礼节。

绅士们从来不会拒绝道歉。不管对方对自己的伤害有多深，甚至不管自己多么怨恨对方，但是，只要对方主动提出了道歉，绅士们都认为这种行为不可抗拒。也许，这样做也不会恢复友谊，但一定能阻止进一步的争吵。

应该给病人、老人或女士的房间里安放最舒适的椅子，应该允许他们选择灯光和温度，任何一位绅士都不应该反对这项特权的实施。

在公司里，如果具有懒惰、闲散的态度，都是一件不礼貌的行为。若是有人因为身体太虚弱或病得很厉害而无法坐立，或者不能担任某个职务，那么，这个人最好待在家里直到身体康复。

在一个有趣的谈话中，一定不要中途离开，请等到停顿的时候再离开，尽量不要打扰别人。

参加聚会时，请在就座前，对比你早到的人说一句"早上好"或

"晚上好"，这些看似毫不在乎的小礼节，却显得十分必要，特别是对那些主持这次饭局的人来说，这是向他们表示友好的一种方式。

吃了洋葱、大蒜、奶酪或其他强烈气味的食物后，走进公司时，呼吸里往往会带着一股味道，也是一件非常失礼的行为。

男士说某位女士身上有烟酒味，这也是非常失礼的行为。

对朋友身上任何畸形的部位、伤疤或留下的不幸，要是过多地关注，不仅严重失礼，而且还是一种缺少人性和缺少友善的表现。

重重地斜靠在桌子上，或说话的时候不停地前后晃椅子，都是失礼的表现。一旦你摔倒，椅子就会压在你上面，这时你就受到了应有的惩罚。

一个领导在同事中无论表现得多么优雅，对上级表现得多么恭敬，只要他在心中侮辱自己的下级，都是粗野和不懂礼貌的人。

盲目地模仿伟人的举止、声音、态度或手势，都是一件愚蠢的行为。如果这种情况不是极其普遍的话，这样的傻瓜就太可笑了。许多人因为与一些现实中的或虚拟的名人存在着某些相似，就刻意模仿他们的举止，似乎认为仅凭外表就能让他们与名人拥有相同的知名度，而这恰恰是一件极不礼貌的行为。

"没有良好教养的学者，就是一个书呆子；没有良好教养的哲学家，就是一个愤世嫉俗者；没有良好教养的军人，就是禽兽；没有良好教养的人，对所有的人都会不友好。"切斯特菲尔德说。

毕晓普贝弗里奇说："永远不要当面说某人的优点，也不要背地里说他的坏话。"

一位现代作家说："私底下，注意你的想法；在家里，控制你的脾气；进入社会，注意你的措辞。真实的礼貌，就是要用老式英语对有良好教养的人给以称呼，这样才能成为绅士和淑女。"

若与粗俗的人在一起生活，还不如选择独居。如果你不能找到有教养的伙伴，就不要找人陪伴了。

因此，斯特恩这样定义求婚："真正的求婚包括了一系列的默默无闻的、有绅士风度的关注，而不像锐利的警告那样，也不像模糊的误会那样。"

喧闹着进入房间，用力地关门，或者重重地踏在地板上，这些行为都极为失礼。

随地吐痰是庸俗的行为，因为它让人作呕。如果给你吃食物，而你拒绝接受盘中或碟中最后的食物，这也是极其没有教养的，因为这样的行为意味着你害怕厨房里没有多余的食物，会让主人因此而难堪。在公司里打哈欠，大声地擤鼻子，大声地吮吸东西、剔牙、清理指甲，都是失礼的行为。

无论是在朋友家里或在自己家里，绅士们都不会背对着炉火，而是站在炉前的地毯上。不要漠视这些小的细节，也许，就是这些细节影响了你的一生，也决定了你能否取得事业的成功。